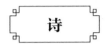

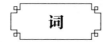

词

诗词里的猫:"撸猫"诗词二百首

诗

唐·裴谞

字士明,裴宽之子。唐代官员。

又判争猫儿状

猫儿不识主,傍我搦老鼠。
两家不须争,将来与裴谞。

河南的妇人与人争猫,状子写得奇特,裴谞看后,给出了一个如诗中所写的啼笑皆非的方案。反正猫儿也不认主,不如把猫给我,你们两家就不用再争了。

唐·元稹

字微之,唐代文学家、官员。曾与白居易同第登科,结为莫逆之交。二人共倡新乐府运动,并称"元白"。

江边四十韵 (节录)

停潦鱼招獭,空仓鼠敌猫。
土虚烦穴蚁,柱朽畏藏蛟。

　　唐人写猫，大多一笔带过，对猫并无后世那么深厚的感情。元稹这首《江边四十韵》也只提到一句，故而节选收录之。

唐·路德延

　　唐代诗人、官员。

小儿诗 （节录）

　　嫩竹乘为马，新蒲折作鞭。
　　鹦雏金镟系，猫子彩丝牵。

　　用彩绳牵着猫，用金丝玉线系着鸟，乘竹为马，折蒲作鞭，都是唐代儿童常见的游戏。乘竹为马即竹马，李白有"郎骑竹马来，绕床弄青梅"名句。

唐·拾得

　　唐代名僧，幼年在天台国清寺修行，与唐代另一名僧寒山成为莫逆之交。贞观时，拾得到苏州妙利普明塔院任住持，该寺院后改名寒山寺。佛门弟子认为二人是文殊普贤的化身，民间后将二人奉为"和""合"二仙。

诗 （十七，节录）

　　若解捉老鼠，不在五白猫。
　　若能悟理性，那由锦绣包。

这部分诗偈的意思是，如果知道了捉老鼠的方法，就不必假手于"五白猫"，以此譬喻佛法应当自证，而无需外求。

唐·寒山

唐代名僧。

诗三百三首 （其四五）

夫物有所用，用之各有宜。
用之若失所，一缺复一亏。
圆凿而方柄，悲哉空尔为。
骅骝将捕鼠，不及跛猫儿。

这首偈主要告诫世人，物有所用，术业有专攻，切莫错用。骅骝是名驹，但论及捕鼠的能力，却不如跛脚猫。典故据说出自东方朔的《答骠骑难》："骐麟騄耳蜚鸿骅骝，天下良马也，将以捕鼠于深堂，曾不如跛猫。"

诗三百三首 （其一五八）

昔时可可贫，今朝最贫冻。
作事不谐和，触途成倥偬。
行泥屡脚屈，坐社频腹痛。
失却斑猫儿，老鼠围饭瓮。

此诗描述一个坎坷之人的人生。昔年有些贫困，如今更是饥寒交迫，遇事总不顺遂，处处都很困苦。在泥路上行走总会崴脚，村里坐社聚餐他总是腹痛。如今家里的猫也走失了，食物都被老鼠吃了。

唐·卢延让

一作卢延逊，字子善，唐代诗人。

（散句）

饿猫临鼠穴，馋犬舐鱼砧。

（散句）

栗爆烧毡破，猫跳触鼎翻。

卢延让的这几句散句可见于宋代孙光宪所作的《北梦琐言》中，诗人将几段日常写得十分生动，"饿猫"一句颇得时任中书令成汭之心，"栗爆"一句则深得前蜀开国皇帝王建的赏识。卢延让因而自嘲说："平生投谒公卿，不意得力于猫儿狗子。"

南唐·佚名

李后主童谣

索得娘来忘却家，后园桃李不生花。

猪儿狗儿都死尽，养得猫儿患赤痕。

童谣传唱的是李后主荒淫之事和民间对这位皇帝的诅咒。猪儿狗儿对应的是南唐亡国前的甲戌年和乙亥年，甲戌年属狗，乙亥年属猪。这两年里，后主相继害死了朝中许多忠良。猪年过后便是鼠年，猫儿患上了赤瘕眼病则不能捕鼠，意思是南唐气数已尽，看不到鼠年到来了。

宋·林逋

字君复，又称林和靖，北宋著名隐逸诗人，是"梅妻鹤子"典故的主人。林和靖在隐居杭州西湖、结庐白堤孤山之时，常驾一叶扁舟遍访湖山。每有客至，门童则放飞白鹤，林逋见鹤辄返。

猫儿

纤钩时得小溪鱼，饱卧花阴兴有余。
自是鼠嫌贫不到，莫惭尸素在吾庐。

《猫儿》一诗应是林逋隐居时所作，他自嘲隐居期间家中清贫，鼠类也不曾到访。猫儿吃饱了溪鱼就卧倒在花阴里玩耍，林逋也并不怪它，反而心中满是对猫儿的宠溺之情。

宋·梅尧臣

字圣俞，号宛陵，北宋诗人、官员，与欧阳修并称"欧梅"，与苏舜钦并称"苏梅"。其为诗主张现实主义写实，反对宋初"西昆体"雕琢空言的风气。南宋刘克庄称其为宋诗"开山祖师"。有《宛陵集》《梅氏诗评》等。

祭猫

自有五白猫，鼠不侵我书。
今朝五白死，祭与饭与鱼。
送之于中河，况尔非尔疏。
昔尔啮一鼠，衔鸣绕庭除。
欲使众鼠惊，意将清我庐。
一从登舟来，舟中同屋居。
糗粮虽甚薄，免食漏窃余。
此实尔有勤，有勤胜鸡猪。
世人重驱驾，谓不如马驴。
已矣莫复论，为尔聊欷歔。

　　五白猫死后，梅尧臣为之送葬，祭之以鱼饭，送之于河中，并一度感怀往事。五白生前曾有过叼着战俘老鼠信步庭院、震慑众鼠的雄姿。梅尧臣乘舟远行，也一定要将五白带在身边。这只五白猫在梅尧臣的眼中便如亲人一般，远胜其他寻常家养动物。写诗祭猫，欷歔太息，足见深情。

宋·强至

字几圣，钱塘（今杭州）人。

予家畜狸花二猫一日狸者获鼠未食而花者窃之以去家人不知以为鼠自花获也因感而作二猫诗

狸猫得鼠活未食，戏局之地或前后。
猫欺鼠困纵不逐，岂防厥类怠其守。

花猫狡计伺狸怠，帖耳偷衔背之走。
家人莫究狸所得，只见花衔鼠在口。
予因窃觇见本末，却笑家人反能否。
主人养猫不知用，谬薄狸能服花厚。
花虽利鼠乃欺主，窃狸之功亦花丑。
人间颠倒常大此，利害于猫复何有。

此诗借猫事讽喻人世，作者目击了家中狸猫捕获老鼠后，被花猫窃取了战斗成果的第一现场，于是发出感慨：人间颠倒之事，也大有更甚于此者。

宋·张商英

字天觉，号无尽居士，蜀州新津县（今成都新津）人。参与王安石变法，徽宗朝大观年间出任宰相。张商英初学孔孟，后读《维摩诘所说经》，归信佛法，是佛教史上著名居士。

咏猫

白玉狻猊藉锦茵，写经湖上净名轩。
吾方大谬求前定，尔亦何知不少喧。
出没任从仓内鼠，钻窥宁似槛中猿。
高眠永日长相对，更约冬裘共足温。

《咏猫》诗中所写的白猫十分乖巧，陪伴着张商英在家抄写经书、推求佛法。在这位宰相居士的笔下，猫儿捉不捉老鼠并不重要，重要的是有这只"白玉狻猊"整日陪伴，冬日里可以共裘抵足而眠，互相温暖。

宋·黄庭坚

字鲁直，号山谷道人、黔安居士、八桂老人、涪翁，谥号文节，世称黄山谷、黄文节。因黄庭坚是江西洪州分宁人，洪州古属豫章郡，所以又称黄豫章。黄庭坚是北宋著名的书法家、文学家，也是江西诗派的开山祖师，有《山谷词》《豫章黄先生文集》。

乞猫

秋来鼠辈欺猫死，窥瓮翻盘搅夜眠。
闻道狸奴将数子，买鱼穿柳聘衔蝉。

黄庭坚先前所养的猫儿离世，鼠辈便开始作祟，搅人睡眠。听说附近有猫生了小猫，他便立刻去买了鱼，用柳条穿作一串去向母猫讨要小猫去了。"买鱼穿柳"这种聘礼模式曾多次出现在文人聘猫的诗歌里，如明代倪岳"主人莫更穿鱼待"、清代黄琛"穿柳鱼钱宁尔惜"，典故都出于此诗中，也算是一个标准的聘猫之礼了。

谢周文之送猫儿

养得狸奴立战功，将军细柳有家风。
一箪未厌鱼餐薄，四壁当令鼠穴空。

诗中黄庭坚将猫儿比喻成军纪严明、大杀四方鼠辈、战功赫赫的猫将，从而感谢好友周文之送来猫儿的义举。

宋·蔡肇

字天启，北宋画家，历任户部员外郎、中书舍人等，为王安石所器重，与苏轼、米芾交好。有《丹阳集》。

从孙元忠乞猫

厨廪空虚鼠亦饥，终宵咬啮近秋闱。
腐儒生计惟黄卷，乞取含蝉与护持。

此诗应当写于蔡肇参加乡试之前，老鼠们终宵啃噬的动静，实在令这位即将应试秋闱的士子头疼。为了护持书斋，蔡肇写下了这首乞猫小诗。

宋·张舜民

字芸叟，自号浮休居士、矴斋等。北宋文学家、画家。

锦鸡诗 （并序）

焦君以锦鸡为赠，文彩可爱，性复驯狎，终日为家猫困，遂复挈还仍嗣短句。

鲁恭感物性能驯，因把华虫赠里仁。
虽有文章堪悦目，却无言语解媒身。
只愁猫犬常窥汝，胡不山林远避人。
好在旧笼还旧主，便当归放涧之滨。

诗人受赠一只性情温顺、见之悦目的五彩锦鸡，本当是喜事，却因锦鸡太过驯顺，一直遭到家中猫犬的窥视欺凌。猫是天生会攘鸡的，宋代姚勉曾有"门外攘鸡太不仁"之句。诗人心下发愁，只好将锦鸡并旧笼一起还给赠鸡的焦君，以保锦鸡平安。

宋·周紫芝

字少隐，号竹坡居士，南宋文学家、官员。著有《太仓稊米集》《竹坡诗话》《竹坡词》。

次韵季共蓬斋夜坐三首 （其三）

露井飞雕梧，碧月借秋色。
颇闻遭鼠辈，恼睡成反侧。
君岂劾鼠手，姑缓薰街磔。
我亦见事惯，流年反多历。
谁能与此物，更较胜负敌。
一笑谓狸奴，无乃尔不职。

作者在斋中，听闻鼠辈潜行，一时也睡不安稳，回过头来笑问宅中豢养的狸奴，有鼠辈出没，不是你的失职吗？

宋·曾几

字吉甫，自号茶山居士。曾几是南宋时期有名的学者、诗人，陆游也曾向其拜师学习，二人后来成为忘年之交，友谊深厚。曾几过世时，陆游曾为其作墓志铭。有《茶山集》。

乞猫
其一

春来鼠壤有余蔬，乞得猫奴亦已无。
青荀裹盐仍裹茗，烦君为致小於菟。

曾几不是第一次乞猫，之前聘来的猫走失后，鼠患又回来了。他用香蒲裹了盐，又给猫主人带去了一些茶叶，把礼数做得十分周全。

其二

江茗吴盐雪不如，更令女手缀红襦。
小诗却欠涪翁句，为问衔蝉聘得无。

这首《乞猫》诗写得更为谦恭，诗人虽则裹好了上等吴盐和茶叶，也让家中女子将聘礼系上红丝带，做足了迎猫的仪式感，却仍旧担心自己笔下《乞猫》诗不如黄庭坚写得好，不知能否聘得来猫儿。

宋·郑刚中

字亨仲，婺州金华（今浙江金华）人，南宋学者、抗金名臣。著有《北山集》《周易窥余》《西征道里记》《经史专音》《论语解》《孟子解》等。

所据苦多鼠近得一猫子畜之虽未能捕而鼠渐知

嫩白轻斑尚带痴，敛身摇尾未成威。

已知穴内两端者，只啮余蔬少退肥。

诗人家中的鼠患随着猫的到来渐渐有了平息的趋势，虽然这只猫看上去痴小，也没有成猫的威风，却仍对鼠辈产生了震慑作用。老鼠们不敢出来作祟，只能啮食洞里既有的食物。

宋·陆游

字务观，号放翁，越州山阴（今绍兴）人。陆游生于北宋灭亡之际，受社会环境与家庭教育影响而成长为南宋著名爱国诗人，但一生仕途不畅，与表妹唐婉爱情受阻。南宋高宗时，陆游赴试，被时任宰相秦桧排挤而屡屡受挫，至孝宗朝才赐进士出身，但也未得重用。后中年入蜀，投身军旅。至宁宗时期才还朝入京，主修《两朝实录》《三朝史》，官至宝章阁待制。晚年退居家乡山阴，生活稍许清贫。在陆游创作的猫诗中，多有"家贫""无鱼"等词汇。

赠猫
其一

盐裹聘狸奴，常看戏座隅。
时时醉薄荷，夜夜占氍毹。
鼠穴功方列，鱼飧赏岂无。
仍当立名字，唤作小於菟。

陆游用盐聘来了一只小猫。小猫虽然贪玩，却也捕鼠有功。诗人细想了一下该叫它什么好呢，就叫小老虎吧。

其二

裹盐迎得小狸奴，尽护山房万卷书。
惭愧家贫策勋薄，寒无毡坐食无鱼。

其三

执鼠无功元不劾，一箪鱼饭以时来。
看君终日常安卧，何事纷纷去又回？

鼠屡败吾书偶得狸奴捕杀无虚日群鼠几空为赋

服役无人自炷香，狸奴乃肯伴禅房。
昼眠共藉床敷暖，夜坐同闻漏鼓长。
贾勇遂能空鼠穴，策勋何止履胡肠。
鱼飧虽薄真无愧，不向花间捕蝶忙。

诗中，陆游自叙孤寂一人，只有狸奴相伴在侧，因此对猫儿依赖非常，与猫儿共床而眠，或是一起熬夜听更漏鼓声，都是常有的事。猫儿不仅是自己的陪伴，也是捕鼠护书的能将，虽则家贫，鱼餐微薄，猫儿也并不在意，一面尽忠职守空鼠穴，一面同坐共眠相与伴，也不会像那些画中的猫一样，向花中扑蝶嬉戏。

赠粉鼻

连夕狸奴磔鼠频，怒髯喷血护残囷。

问渠何似朱门里，日饱鱼飧睡锦茵？

　　诗里的猫叫"粉鼻"，名字听上去可爱，但实则是面对鼠辈毫不手下留情的一员猛将。陆游在赞赏粉鼻英勇的同时，也开始追问，粉鼻究竟是喜欢在我这个贫困潦倒的家中大展英姿，还是喜欢在朱门大户里饱食终日睡锦茵。一说这是陆游在借粉鼻尽忠职守捕鼠之事，反讽达官贵人尸位素餐。

初归杂咏

齿豁头童尽耐嘲，即今烂饭用匙抄。
朱门漫设千杯酒，青壁宁无一把茅？
偶尔作官羞问马，颓然对客但称猫。
此身定向山中死，不用磨钱掷卦爻。

　　此诗应是陆游年老归乡后所作，全诗都在自嘲年老家贫，认定了"此身定向山中死"。其中"颓然对客但称猫"一句显得可爱而无奈。回乡后的日子，常有四邻来访，但陆游并不想谈论政事，也无闲言可叙，只好聊聊家里的猫，缓解冷场的尴尬。

题画薄荷扇

薄荷花开蝶翅翻，风枝露叶弄秋妍。
自怜不及狸奴黠，烂醉篱边不用钱。

　　陆游这首诗描写的并不是真猫，而是一只画在扇面薄荷丛里的猫。扇上的猫儿醉倒篱边，不问世事。陆游于是嘲弄说自己断不如猫儿狡黠，它们一醉方休以后，就不必忧国忧民，也不必为那些所谓的理想抱负而奋斗了。

得猫于近村以雪儿名之戏为作诗

似虎能缘木，如驹不伏辕。
但知空鼠穴，无意为鱼飧。
薄荷时时醉，氍毹夜夜温。
前生旧童子，伴我老山村。

陆游新得一猫，取名叫做雪儿。新猫虽然名字柔美，却不妨碍它神勇无双。雪儿每日只想着捉老鼠，对奖励给它的鱼餐也不感兴趣。不过，面对薄荷和毛毯，它还是无法抗拒的。有雪儿相伴，陆游不禁感慨这也许是前生书童转世，特地来和自己共度晚年的吧。

冬日斋中即事六首 （其五）

我老苦寂寥，谁与娱晨暮。
狸奴共茵席，鹿麂随杖屦。
岁薄食无余，恨使鸟雀去。
安得粟满囷，作粥馈行路。

陆游晚年的寂寥之情，在许多诗中都有体现。在这些诗里，陆游极少提起除了自己之外的人类，唯有一起睡草席的狸奴和山林漫步时随行的小鹿，晨暮相伴相娱。

十一月四日风雨大作 （其一）

风卷江湖雨暗村，四山声作海涛翻。
溪柴火软蛮毡暖，我与狸奴不出门。

此诗已为许多现代"铲屎官"引用，尤其是在天寒地冻、风雨交加或仅
仅是不愿意出门的时候。

独酌罢夜坐

不见曲生久，惠然相与娱。
安能论斗石，仅可具盘盂。
听雨蒙僧衲，挑灯拥地炉。
勿生孤寂念，道伴有狸奴。

诗歌化用"曲生"典故，并讲述自己独自饮酒的场景：雨夜寒凉，陆游
裹着僧衣，挑灯坐于地炉前。看到自己身边躺着一只猫陪自己一同熬夜"修
道"，便劝慰自己何必感到孤寂。

岁末尽前数日偶题长句 （其一）

老向人间迹转孤，参差烟火出菰蒲。
数畦绿菜寒犹茁，一勺清泉手自斟。
谷贱窥篱无狗盗，夜长暖足有狸奴。
岁阑更喜人强健，小草书成郁垒符。

　　此诗写陆游晚年回到家乡山阴后的岁末情景。山阴绍兴，水乡处处是湖泽，因而有了"参差烟火出菰蒲"的场景。自己下地种些绿菜和稻谷，家贫谷贱，所以无鸡鸣狗盗之事。这句"谷贱窥篱无狗盗"与林逋的"自是鼠嫌贫不到"有异曲同工之意。至于岁末寒夜漫漫，好在有猫儿同睡暖脚，相依而眠，也不难度。老来孤寂，那便更要有健康的身体和心态。草书挥毫，画一张郁垒符，祈求来年顺遂平安。

书叹（其二）

> 尺椽不改结茅初，薄粥犹艰卒岁储。
> 猧子解迎门外客，狸奴知护案间书。
> 深林闲数新添笋，小沼时观旧放鱼。
> 自笑从来徒步惯，归休枉道是悬车。

　　陆游辞官隐居后，生活虽然孤寂、清贫了些，但也十分闲适。家中小狗知道怎么去迎客，猫儿也知道驱鼠保护案头的书，身边有善解人意的动物为伴，日子就闲散了起来。时而去林间拔几根春笋，或者去池塘看看以前放下去的鱼苗，现在多大了。他平生本就习惯徒步而行，晚年也安步当车，倒不是像薛广德那样，悬其安车传子孙。

戏书触目

> 狸奴闲占熏笼卧，燕子横穿翠径飞。
> 我亦人间好事者，凭阑小立试单衣。

乍暖还寒的阳春三月，猫儿还是喜欢躺在熏笼上取暖闲卧。这个场景和现如今许多"铲屎官"的猫趴卧在取暖器边上的情形一模一样。而陆游则已经迫不及待地想试穿单衣，去迎接春天的到来了。

嘉定己巳立秋得膈上疾近寒露乃小愈 （其六）

半饥半饱随时过，无客无书尽日闲。
童子贪眠呼不省，狸奴恋暖去仍还。

此时已是寒露时节，天气转凉。猫儿下地活动了一圈，发现有点冷，仍旧乖乖回到陆游身边，依傍取暖。

夜坐观小儿作拟毛诗欣然有赋

北风城头鼓枕枕，徂岁峥嵘正多感。
老夫假寐角巾低，稚子高吟两髫髿。
衰迟笑我藏袖手，狂率怜渠满躯胆。
旋炊粉馆裹青箬，新煤饧枝缀红糁。
未言问事渐澜翻，且赏挥毫能果敢。
嗟予畴昔如汝年，万卷纵横恣窥览。
即今见汝尚欢欣，此癖真同嗜昌歜。
夜阑我困儿亦归，独与狸奴分坐毯。

此诗写陆游看幼子习《诗经》的场景，夜深后子聿回去睡觉，自己也困了，室中剩下狸奴与自己同毯分坐相伴。

嘲畜猫

甚矣翻盆暴，嗟君睡得成！
但思鱼餍足，不顾鼠纵横。
欲骋衔蝉快，先怜上树轻。
朐山在何许？此族最知名。

陆游一生养过不少捕鼠能手，但也有马失前蹄的时候，这首《嘲畜猫》的讥讽对象就是其中之一，只看它吃饱了鱼餐就不想动，老鼠吵闹得再大声也不管不顾。这里也有借猫讽人之意。

二感

狸奴睡被中，鼠横若不闻。
残我架上书，祸乃及斯文。
乾鹊下屋檐，鸣噪不待晨。
但为得食计，何曾问行人。
惰得暖而安，饥得饱而驯。
汝计则善矣，我忧难具陈。

此诗和上诗的题旨有些类似，陆游究竟是真的嘲猫，还是用猫儿尸位素餐的行径，来讥讽南宋政权"西湖歌舞几时休"的苟安一隅之举呢？

小室

地褊焚香室，窗昏酿雪天。

烂炊二飡饭，侧枕一肱眠。
身似婴儿日，家如太古年。
狸奴不执鼠，同我爱青毡。

此诗为陆游在开禧二年冬作于老家山阴。前三联均展示了家宅褊小，生活清贫，日子过得十分朴素。尾联写到了家中那只不执鼠的猫，猫不捕鼠，可能也是像林逋所说的"鼠嫌贫不到"，不过陆游这首诗中更多的情感还是一人一猫共享一片青毡的其乐融融，如颜回在陋巷而不改其乐。

戏咏闲适

暮秋风雨暗江津，不下书堂已过旬。
鹦鹉笼寒晨自诉，狸奴毡暖夜相亲。
典衣旋买修琴料，叩户时闻请药人。
说与乡邻当贺我，死前长作自由身。

此诗也是写于山阴。那时的陆游有鹦鹉和狸奴相伴在侧，平日无事就修整一下七弦琴，自由闲适之身莫过于此。

北窗

垂老乞骸骨，飘然辞圣朝。
竹头那足用，桐尾不禁焦。
短褐缝綀布，晨餐采药苗。
风霜征雁路，灯火衲僧寮。
陇客询安否，狸奴伴寂寥。

北窗鸣落叶，愁绝夜迢迢。

陆游自叙此身已老，不堪重用，因而退官还乡做一个短褐布衣的普通人。虽然如今生活多清贫，中夜多寂寥，至少还有鹦鹉和狸奴从旁作伴。

宋·杨万里

字廷秀，号诚斋，吉州吉水（今江西吉水）人，南宋文学家，创"诚斋体"，与陆游、范成大、尤袤并称"中兴四大家"，著有《诚斋集》。政治上，他主张抗金，反对屈膝议和。杨万里一生为官清正，在江东任转运副使任满时，将万缗余钱弃于官府，一文未取。

子上持豫章画扇其上牡丹三株黄白相间盛开一猫将二子戏其旁

暄风暖景政春迟，开尽好花人未知。
轮与狸奴得春色，牡丹香里弄双儿。

此诗描绘扇上的画作，画上的牡丹丛下有一只母猫带着两只幼崽嬉戏。

昼倦

睡眼鬖松倦日长，却抛诗卷步回廊。
狸奴幸自双双戏，忽见人来走似獐。

诗人在绵长的夏日里感到困倦，放下书卷来到回廊走动提神，却看到一双猫儿在嬉戏玩耍。猫儿看到有人前来，像獐子一样蹿逃去了别处，这也算是无尽的夏天里，一个转瞬即逝的有趣场景。

书孙公谈圃谈圃载子由为黄白术
将举火一猫据炉而溺须臾不见

少许丹砂和水银，炼成紫磨赚痴人。
颍滨莫笑狸奴著，却恐狸奴笑颍滨。

诗人在看《孙公谈圃》这本小说集的时候，翻到了一则关于苏辙炼金时看到一只猫溺于炉中、须臾不见的故事，就记下了一则小诗。《谈圃》中记录了元祐朝许多政事及士大夫的言行事迹，多有与典籍应证之处，但孙公其人虽也是元祐党人，却对苏轼、王安石、程颐都有所不满，因此上述事迹就不足为信了。

宋·胡仲弓

字希圣，号苇航，清源（今福建仙游）人，曾为会稽县令，不久罢官而去。胡仲弓一生不慕功名，浪迹江湖以终。有诗集《苇航漫游稿》四卷。

睡猫

瓶中斗粟鼠窃尽，床上狸奴睡不知。
无奈家人犹爱护，买鱼和饭养如儿。

宋·范成大

　　字至能，号此山居士，晚号石湖居士。平江府吴县（今江苏苏州）人，南宋文学家，中兴四大诗人之一，著有《石湖诗集》《石湖词》《揽辔录》（出使金国途中的日记）、游记《吴船录》、地方志《吴郡志》《桂海虞衡志》等。范成大在政治与外交上成就颇高。乾道六年，范成大受宋孝宗更改隆兴和议中南宋需跪迎国书礼节的嘱托，孤勇出使金国，保全了气节，获得了金国举国上下的尊重。

习闲

习闲成懒懒成痴，六用都藏缩似龟。
雪已许多犹不饮，梅今如此尚无诗。
闲看猫暖眠毡褥，静听鸮寒叫竹篱。
寂寞无人同此意，时时惟有睡魔知。

　　范成大此诗主要讲自己在某年冬日十分惫懒的精神状态和闲散的日常生活，与陆游的《习懒自咎》的陈述十分类似。

宋·章甫

　　字冠之，自号转庵、易足居士，饶州鄱阳（今江西鄱阳）人，南宋诗人，先后寓居江苏仪征、湖北江陵等地，并曾与陆游、吕祖谦、韩元吉唱和。有《自鸣集》。

从贾倅乞猫

渚宫茅屋住经年，墙壁苦遭群鼠穿。
旋乞狸奴名去恶，中宵客枕得安眠。
携之俱东泛江水，餍饫鱼腥二千里。
半途忽作楚人弓，儿女怜渠今未已。
昨宵闻说二车家，花墩五子俱可夸。
此诗虽拙胜盐茶，不问白黑灰狸花。

　　这是一首向人聘猫的小诗。作者自叙经年受鼠患所苦，曾有一猫，携之从江陵东还，却不慎走失。如今甫一听说贾副官处有猫生五子，便携诗向主人讨要，不论花色。

代呼延信夫以笋乞猫于韩子云

官居城一隅，屋漏如野处。辛勤补绿萝，仅可待风雨。
移家幸亡恙，所苦多硕鼠。啮衣费纫缝，盗肉恣含咀。
引子动成群，啾啾疑尔汝。昼曾无觍颜，入暮谁能御。
窥灯殚膏油，惊梦斗俦侣。主人非昔人，为态尚如许。
饱食讵可常，潜踪岂无所。灌穴恶尽杀，具磔难悉举。
墙东吏部家，两猫将十子。往往感仁惠，相乳忘彼此。
花墩夜不眠，卫寝如驯虎。愿分俊逸姿，庶以镇衡宇。
穿鱼聘衔蝉，于君谅无取。丁宁玉版师，委曲致斯语。
妻孥仍有言，乞猫宜乞女。他时遂生育，邻里转相予。

　　诗人代友人向韩子云乞猫，这位叫做呼延信夫的友人，应是一介贫官，所居之处简陋破败，需自行修缮以蔽风雨，又有硕鼠成群为患，啃食衣物肉食，到了夜里更是偷灯油、搅夜眠，主人家恨不得灌穴杀之以后快。诗人同情友人的遭遇，便代为向韩吏部家乞猫。韩家的两只母猫刚诞下数十幼崽，母猫天性仁惠，常互相喂养视若己出；且复尽忠职守，夜间如同听话的老虎一般维护家宅免于鼠患。诗人便以今年新笋代替穿鱼之礼，向韩家讨要小猫。更有意思的是，这一次诗人还提了要求，最好乞个母猫，后面生了小猫还能多多造福邻里。

宋·楼钥

字大防，一字启伯，号攻媿主人，南宋官员、文学家。

赵南伸寄王朴画猫犬诗戏为之赋

鬒鬖两狻猊，胡为到户庭。
细观画手妙，摹写真态度。
意足谢繁笔，不待丹青污。
乱扫腹背毛，头足巧分布。
尨也如愁胡，眉攒眼光注。
岂惟足生氂，垂耳纷败絮。
掉尾固自若，狸奴为惊惧。
侧耳实畏之，冲目犹敢怒。
诚知取形似，不吠亦不捕。
对之辄一笑，聊用慰沉痼。

诗歌描摹了画中犬猫逼真的神态，尤其是狸奴受惊侧耳、与狗对峙的神态，和现实中因受惊而呈现出"飞机耳"的状态，但仍要侧过小半个头冲着对方小声咆哮的猫，一模一样。

宋·王炎

字晦叔，一字晦仲，号双溪，婺源人。南宋学者、官员。一生著述颇丰，与朱熹交厚。

犬捕鼠

黠鼠穴居工匿形，宵窃吾余频有声。
狸奴已老无足忌，对面侮人渠得志。
韩卢行载云来孙，平时御盗严司存。
小施逐兔腾山力，不露爪牙潜有获。
主人高枕终夜安，论功法吏能扫奸。
绳以汉家三尺律，鼠罪贯盈猫不职。

本诗主要的写作对象不是猫，而是能捕鼠的犬。黠鼠欺猫老，屡作侵犯挑衅，却不曾想家中还有良犬，能扛起捕鼠的职责。良犬还未露爪牙，就能有所捕获，使主家高枕无忧。犬捕鼠的传统其实在中国古代一直存在，四川出土过汉代犬捕鼠的画像砖。

宋·赵蕃

字昌父，号章泉，南宋江西诗派诗人、理学家。

谢彭沅陵送猫

怪来米尽鼠忘迁，嚼啮侵寻到简编。

珍重令君怜此意，不劳鱼聘乞衔蝉。

诗人赵蕃家中鼠患不绝，米吃完了，鼠也不离开，改用书籍简编磨牙。好友彭沅陵以猫相赠，倒是省了诗人去买鱼穿柳来聘衔蝉的功夫。

十月二十日晚风雨大作

猎猎风声万马奔，我方愁绝坐黄昏。
了无鼠辈窥厨冷，顾有狸奴同席温。
静里顿能除妄想，病中还欲寄空门。
四时鼎鼎催人老，篱菊销香梅返魂。

农历十月二十岁属秋末冬初，这是菊花落尽、只待寒梅的季节。屋外风雨大作，诗人则是"黄昏独自愁"。好在家中有狸奴相伴，一来解决了鼠患，二来可以同席相互取暖，也是一种慰藉。

谢李正之惠潘墨

地炉穷日坐寒灰，顾与狸奴争席隈。
砚少磨研尘满面，笔疏驱使腐生莓。
殷勤不记玄圭觅，邂逅欣同赐璧来。
药裹关心废诗久，恐因诗械却为灾。

冬日里与猫儿争席而坐，是诗人的日常。就连感谢友人惠赠好墨，诗人字里行间也离不开和狸奴相伴的描写。

宋·马之纯

字师文，号茂陵，别号野亭，婺州东阳（今浙江东阳）人。南宋学者、官员。

长命洲

如何长命作洲名，梁武当时此放生。
鹅鸭成群如市肆，鸡豚无数似屯营。
岂知半被狸奴食，宁免私为鹤户烹。
不杀自然能不放，却将实祸博虚声。

此诗主要讽刺了梁武帝假慈悲的行为，放生行为看似积德行善，却也破坏了动物的自然生态，长命洲上成群的鸡鸭鹅豚多半成了猫的餐食。明代《舌华录·讥语》中也记载了这件事。梁武帝曾向北魏来使李谐炫耀自己放生的功德，李谐回答："不捉，也不放。"

宋·张镃

字功甫，号约斋，南宋文学家，也是南渡名将张俊的曾孙。有《玉照堂词》《南湖集》《仕学规范》等。

虎斑猫

百丈慵参老野狐，一双俄得小於菟。
眈眈肯听豺声怯，索索当令鼠辈无。
既与道人常并坐，何妨童子戏编须。
硬黄新染香如蜡，从此书堂不闭厨。

宋·陈郁

字仲文，号藏一，临川（今江西抚州临川）人，南宋
诗人，与其子陈世崇并称"临川二陈"。著有《藏一话腴》。

得狸奴

穿鱼新聘一衔蝉，人说狸花最直钱。
旧日畜来多不捕，于今得此始安眠。
牡丹影里嬉成画，薄荷香中醉欲颠。
却是能知春信息，有声堪恨复堪怜。

陈郁在诗中自叙聘得一只值钱的狸花猫，捕鼠能力比先前养过的猫们都
强。家里少了鼠患，自然就安心多了。这只狸花猫在家中也是十分自在，牡
丹花下嬉戏玩耍，薄荷香里沉醉欲仙。不过，春天里猫儿叫春的声音，也让
一向喜欢闲静的雅士文人又爱又恨。

宋·张至龙

字季灵，号雪林，建安（今福建建瓯）人。南宋诗人。

演雅十章 （节录）

犬眠苍玉地，猫卧香绮丛。
倘无鼠与盗，猫犬命亦穷。

在诗人看来，若不是因为人们需要猫除鼠、狗缉盗，猫和狗也不会有如
今立于六畜之上、与人类交好的命运。

宋·钱时

字子是，号融堂，新安（今安徽歙县）人。南宋学者、象山书院主讲席。

义猫行

我家老狸奴，健捕无其比。去年能养儿，二男而一女。
种草不碌碌，趫捷俱可喜。策勋到邻家，高卧不忧鼠。
今年女子七，母复诞三子。三子乳有余，七子不易耳。
颇似相轸念，抱弄时相乳。依依同气恩，仿佛见情理。
一日忽衔子，来同七子处。薰然如一家，杂乳无彼己。
天地即我心，万物非异体。一日脱边幅，此外无别旨。
嗟彼胡不仁，形骸分尔汝。同类日相伤，呀然矜爪觜。
探巢攫胎卵，吞噬不知止。但见己子肥，遑恤他子死。
猫也本虎属，能为义士举。作诗传世间，一兽有如此。

钱家健硕能捕的老狸奴，上一年诞下了二男一女。今年，老猫又诞下三子，而去年生下的小母猫今年也生了七个小猫。老猫带三子绰绰有余而小母猫带七子不易，老猫便将小母猫的孩子带到身边一起抚养，视若己出。钱时将这样的相乳之猫称为"义猫"，而"猫相乳"也是历代文人争相表彰的仁义之举。

宋·郑清之

初名燮，字德源，一字文叔，别号安晚，南宋文学家、官员。历任光禄大夫、左右丞相、太傅、卫国公等，后隐居山林，有《安晚堂集》。

香山猫食粥

> 梵宫新遣两狸奴，晨粥饥餐食肉如。
> 料是伊蒲三昧熟，未知绕膝诉无鱼。

寺庙里养的猫儿，日常的伙食里自然也吃不到肉。好在猫儿吃早餐的时候饥肠辘辘，吃素粥也是狼吞虎咽如同吃肉一般。这些惯食素斋的猫，大概不知道外面的猫还能"绕膝诉无鱼"。

宋·刘克庄

字潜夫，号后村，福建莆田人。南宋诗人、词人和诗论家。其词慷慨豪迈，为豪放派词人代表，宋末文坛领袖人物。

诘猫

> 古人养客乏车鱼，今汝何功客不如。
> 饭有溪鳞眠有毯，忍教鼠啮案头书。

刘克庄在诗中将猫和门客的待遇作了一番对比，就连门客都不一定顿顿餐鱼、乘车而行，反观家中的猫却饭有鱼、眠有毯。自己好吃好喝地供养猫儿，猫儿却对家中的鼠患视而不见，故而发出了"今汝何功客不如"的责问。

责猫

> 偿钱聘汝向雕笼，稳卧花阴晓日红。

> 鸷性偶然捎蝶戏，鱼餐不与饲鸡同。
> 首斑虚有含蝉相，尸素全无执鼠功。
> 岁暮贫家宜汰冗，未知谁告主人公。

此诗承接了上一首的话题，看来刘克庄对家中这只尸位素餐的猫儿，怨言不是一般地多。刘克庄在诗中表示，自己不仅聘猫花了钱，日常对猫也很好，几乎顿顿吃鱼。但猫儿空有一副衔蝉相，却全然不去履行捕鼠的义务。诗的最后作者还不忘威胁一下猫，接近年关了，我家也不是什么大户人家，是该淘汰一些没用的东西了。

《责猫》看似是在斥责这只不捕之猫，并称其为家中的冗员。但冗员冗费之事，又岂止一家之中。南宋一朝，冗费问题比北宋更为突出。刘克庄为官的中后期，宋理宗"嗜欲既多，怠于政事，权移奸臣"，宰相郑清之复出后，又因年迈致使朝政为妻儿把控。刘克庄曾多次与理宗进行抗辩。

失猫

> 饲养年深性已驯，攀墙上树可曾嗔。
> 击鲜偶羡邻翁富，食淡因嫌旧主贫。
> 蛙跳阶庭殊得意，鼠行几案若无人。
> 篱间薄荷堪谋醉，何必区区慕细鳞。

刘克庄前两首诗都在责备猫儿尸位素餐，怨言颇多，可是当这只不捉老鼠的衔蝉猫真的走失了，却又开始怀念起它来——到底是一只经养了许久的老猫，性格也已经驯顺，自己也习惯了家里有个攀墙上树、上屋揭瓦的调皮朋友。但是猫儿却似乎因为嫌弃自家食无鲜腥，一心要往有鱼的富家去。猫儿走后，家里蛙鼠横行，旁若无人。令作者颇有怨言的是，自己院中的薄荷应该足以给到它无比快乐的精神生活，它为什么还要贪图富贵之家的鲜鱼，甘愿放弃这等闲适自在的生活呢？这大概不仅是在说猫，更是在以猫喻人。

猫捕燕

文采如彪胆智非，画堂巧伺燕雏微。
梁空宾客来俱讶，巢破雌雄去不归。
莺闭深笼防鸷性，蝶飞高树远危机。
主人置在花墩上，饱卧徐行自养威。

　　刘克庄养的猫，除了不捕鼠外，见到其他小动物都要上前扑上一扑。趁燕子父母离巢，这只长着虎斑的猫捕食了雏燕，令归巢的父母惊惧而去。家中饲养的莺鸟必须锁在深笼里才能逃过猫儿的扑食，花园的蝴蝶也要飞得老高以求自保。而这只猫在兴尽之余则躺卧在花墩上，养精蓄锐，等待玩弄扑杀下一波玩物。

宋·林希逸

　　字肃翁，号竹溪，又号鬳［yàn］斋，福州福清人。南宋末年理学家。有《易讲》《考工记解》《竹溪稿》《鬳斋续集》等。

戏号麒麟猫

道汝含蝉实负名，甘眠昼夜寂无声。
不曾捕鼠只看鼠，莫是麒麟误托生。

　　理学家林希逸也同刘克庄一样，养了一只眼睁睁看着老鼠自面前经过，也不伸爪去捉的猫。也正是因为林希逸的这首诗，"麒麟猫"后来就专指那些不逮老鼠的"仁义之猫"了。有意思的是，猫在唐代因为涉及到武则天调猫儿鹦鹉之事，在唐人阎朝隐《鹦鹉猫儿篇》中，还曾被戏称为"不仁兽"。

宋·罗大经

　　字景纶，号鹤林，南宋庐陵（今江西吉安）人。曾任地方官吏，后被人弹劾而罢官，从此闭门读书。著有《鹤林玉露》十八卷。

猫

> 陋室偏遭黠鼠欺，狸奴虽小策勋奇。
> 扼喉莫讶无遗力，应记当年骨醉时。

　　罗大经在遭受鼠患后，便引入了一只小猫。猫儿虽小，但是捕鼠扼喉却不遗余力。这份长在骨子里的天性，令人想起当年萧良娣对武则天的骨醉之誓。

宋·赵崇嶓

　　字汉宗，号白云山人，是宋太宗赵光义一脉的宗室后代，太宗第四子赵元份的八世孙。有《白云小稿》传世。

痴猫

> 爱汝斒斓任汝痴，了无杀意上须眉。

通宵鼠子喧人睡，政尔相忘也大奇。

赵崇嶓也养了一只好看却无用的猫，老鼠搅人夜眠，猫儿却浑然不觉。

宋·方岳

字巨山，号秋崖，安徽祁门人。有《深雪偶谈》《秋崖集》存世。

猫叹

雪齿霜毛入画图，食无鱼亦饱於菟。
床头鼠辈翻盆盎，自向花间捕乳雏。

方岳在家里挂了一幅雪齿霜毛的猫儿画，画中的猫虽然不吃鱼，却也威胁不了床头翻盆倒檠的老鼠。诗人感慨，家中鼠患频发，而画上的猫却在花间嬉戏捕鸟。

宋·陈著

字子微，小字谦之，号本堂，晚年号嵩溪遗耄，鄞县（今宁波）人。宋末理学家。陈著曾为白鹭洲书院山长，受相国吴潜举荐入朝，却因忤逆权臣贾似道而遭外放。南宋亡后，隐居鄞县四明山中。著有《本堂集》。

怜狸示内

黑花一衔蝉，畜之今几年。捕攫奔走捷，巧黠乃其天。

一裔亦割啖，分与眠席眠。迩来主人出，出久厨无烟。
罄空主辈少，时得聊自延。不就邻妇呼，宁饥肯垂涎。
夜寒身无栖，灶窟恬余暄。灰染突尘浣，毛色非旧鲜。
主人来归初，绕室如诉冤。旁人固不解，主人当知怜。
云何云可恶，恶彼身孪拳。依随行坐间，呵叱加笞鞭。
不念昔可爱，惟恶今非前。本来是一物，色改遂爱迁。
吁嗟乎猫乎，岂独于猫然。人于夫妇间，情义亦罕全。
花颜少年时，猥倚心相缠。皤皤白发垂，相丑亦相妍。
吁嗟乎人乎，有耳听我言。人生七十稀，能得几时安。
毋以私自贼，同室操戈铤。举案与齐眉，当如孟光贤。
糟糠不一堂，当与宋宏肩。不然只自苦，于我何益焉。
我赋我妇读，一笑愿不愆。

　　这是陈著写给妻子的诗。陈著原配妻子童尚柔早亡，复娶继室赵必兴，二人患难与共，相伴终身。诗中陈著以猫事起兴，用猫儿色衰而爱弛的故事譬喻人们喜新厌旧的本性，并提出自己认为夫妻之间应当互相尊重、矢志不渝的婚姻观。陈著一生有三十五首诗都是为这位继室赵必兴而写。

宋·姚勉

　　字述之，又字成一，号蜚卿、飞卿。姚勉出生时曾被弃于山野雪地，故自号"雪坡"。宋末理学家。有《雪坡文集》。

嘲猫

斑虎皮毛洁且新，绣裀娇睡似亲人。

梁间纵鼠浑无策，门外攘鸡太不仁。

按诗中描述，姚勉养的是一只虎斑狸花猫，在绣花垫上睡着的时候十分娇俏可人。可惜这只狸花猫不仅纵容老鼠在家随意出行，还会到外面偷鸡。

宋·方回

字万里，为江西诗派殿军。宋元时期诗人、诗论家。有《瀛奎律髓》《桐江集》《续古今考》等。

初夏

忽复荒山唤子规，来归已是腊残时。
人穷怕老吾何愧，夏浅胜春古有诗。
草履纻衫并竹扇，石榴罂粟又戎葵。
猫生三子将逾月，卧看跳嬉亦一奇。

诗人描述的消夏场景中有了猫，顿时就欢快了许多。人穿着蒲草鞋、苎麻衫，摇着竹扇，躺卧在长满石榴、罂粟和戎葵的园子里，看刚满月的三只小奶猫不安分地跳来跳去嬉戏。

和陶渊明饮酒二十首（第十六）

早省宦径恶，荷锄宁带经。
岂不尝守郡，生涯百无成。
一夕偶不饮，鳏枕听遥更。
残灯暗虚牖，落叶锵空庭。

鼠啮叱不止，呼奴效猫鸣。
孰与醉卧熟，万事忘吾情。

诗人仕途不畅，悟已往之不谏，想来宁可归田带经务农。但仍无法消解"生涯百无成"的遗憾和愁绪，夜里难以安眠，越是睡不着就越是不由自主地一遍遍去寻听远处的更声、叶落庭院这样微小的声响，看残灯渐隐。家中有鼠作祟，诗人大声叱责亦不能威慑，只好一边喊狸奴，一遍效仿猫叫。猫的熟睡和诗人的失眠似乎也形成了一道对比。

宋·文天祥

初名云孙，字宋瑞，又字履善，自号浮休道人、文山。南宋名臣、政治家、文学家。在南宋临安破城后，仍追随南宋流亡小朝廷在江西、广东等地举兵勤王抗元，于广东五坡岭被俘。南宋灭亡后，文天祥拒绝了忽必烈以宰相官职为筹码的再次劝降，并南向叩首，英勇就义。

又赋

病里心如故，闲中事更生。
睡猫随我懒，黠鼠向人鸣。
羽扇看棋坐，黄冠扶杖行。
灯前翻自喜，瘦得此诗清。

文天祥卧病期间，连猫也跟着一起愈懒，狡黠的老鼠也感知到了这个细微的变化，纷纷出来活动筋骨。文天祥却也不在意，或持羽扇观棋，或着道冠拄杖而行，或翻覆旧日诗词，为偶得清丽之句而欣喜。

宋·李璜

字德邵，号檗庵居士，扬州江都人，生卒年不详。年少负隽才，但不齿为官出仕。后师从宏智禅师，有《檗庵居士集》存世。

以二猫送张子贤
其一

衔蝉毛色白胜酥，搦絮堆绵亦不如。
老病毗耶须减口，从今休叹食无鱼。

诗中李璜自叙有白猫两只，毛发温柔如絮，不过自己年老体衰，饮食需清淡少荤，猫的饭食标准也就跟着降低了。

其二

吾家入雪白于霜，更有欹鞍似闹装。
便请炉边叉手立，从他鼠子自跳梁。

李璜家的白猫趴在马鞍上，仿佛给马鞍点缀上了装饰。他把猫儿请进屋内炉边烤火，没想到猫儿一到温暖的炉边就揣手趴坐取暖，任凭老鼠在房梁上蹦跶。

宋·张良臣

字武子，一字汉卿，号雪窗，宋代文人、画家。有《雪窗集》传世。

山房惠猫

从来怜汝丈人乌，端正衔蝉雪不如。
江海归来声绕膝，定知分诉食无鱼。

张良臣家的猫，是一只口鼻上有非常端正的衔蝉纹的猫。它从外面回来，就绕着张良臣的腿一边打转一边叫唤。他仿佛听懂了猫的意思是在说，自己出门的这段时日都没有吃到鱼。

祝猫

江上孤蓬雪压时，每怀寒夜暖相依。
从今休惯穿篱落，取次怀春屡不归。

猫儿每到天寒地冻，就来找人依偎着取暖。而到了春暖花开的季节，它就穿过院子去履行自己种群繁衍的义务。张良臣担心猫儿迷恋外面的花花世界，再也不回来了，因此作《祝猫》一首，翘首期盼猫儿能听懂自己的心意。

宋·沈说

字惟肖，龙泉人，宋代诗人，著有《庸斋小集》。

暮春

燕翼初干渌满池，桑阴收尽麦黄时。
一年春事又成梦，几日愁怀欲废诗。

料理病身尝药遍，揩摩睡眼看书迟。
悠然独倚阑干立，花下狸奴卧弄儿。

　　沈说在诗中说自己病卧了一整个春天，差点连最后的春景都没有观赏到。自己一边喝着药，一边勉强看着书。最后闲立阑干旁，看见花丛下有猫在逗弄自己在春天里刚出生的孩子。

宋·吴惟信
　　字仲孚，浙江吴兴人，宋末寓居吴中嘉定白鹤村，有《菊潭诗集》存世。

咏猫

弄花扑蝶悔当年，吃到残糜味却鲜。
不肯春风留业种，破毡寻梦佛灯前。

　　《咏猫》虽然是一首小诗，却把猫的一生都囊括了进来。年轻力壮的时候，猫儿弄花扑蝶也贪嘴。而如今年岁渐老，它也不再留情怀春，只想躺在佛灯前的破毛毡上，舒服地睡上许久。诗人说自己是在咏猫，诗中咏的又何尝不是人生。

宋·叶绍翁
　　字嗣宗，号靖逸，龙泉（今浙江龙泉）人。南宋诗人。曾隐居西湖，有《四朝闻见录》《靖逸小稿》《靖逸小稿补遗》。

猫图

醉薄荷，扑蝉蛾。
主人家，奈鼠何。

　　画上的猫又是在薄荷丛里沉醉，又是在花间扑昆虫玩耍。诗人开始同情养了这只贪玩贪睡的猫的人家，大概还在饱受鼠患的困扰。

宋·葛天民

　　字无怀，越州山阴人。曾出家为僧，法名义铦，号朴翁。南宋诗人。还俗后，居西湖上，所交皆名士，与姜夔、赵师秀多有唱和。有《无怀小集》。

小亭

小亭终日对幽丛，兀坐无言似定中。
苍藓静连湘竹紫，绿阴深映蜀葵红。
猫来戏捉穿花蝶，雀下偷衔卷叶虫。
斜照尚多高柳少，明年更欲种梧桐。

　　此诗并不专写猫。这只在花丛中扑蝶的猫儿，只是小亭周围的妙景之一。

宋·蒲寿宬

号心泉，宋末元初富商、文人。蒲寿宬是泉州蒲氏之后，家族来自阿拉伯，"蒲"是"阿卜"的音译，蒲寿宬祖上以互市归宋。蒲家顶峰时期有海船四百余艘，具备武装力量，后归降元朝。有《心泉学诗稿》。

咏狸

买鱼日日与狴狸，捕鼠有心奚待饥。
但免翻盆与覆碗，何须要见血淋漓。

宋·陈栩

浙江平阳人，南宋诗人、官员，官至吏部侍郎。

晓行

客梦正无凭，喧呼睡不能。
月移篷背雪，人远岸头灯。
樯影浮寒水，篙声碎断冰。
狸奴浑未觉，余暖恋青绫。

诗人在船上中夜不能寐，看月光打在船上疑似雪，远处岸边有灯光。天气寒凉，船棹移动还有破冰的声音。但是这些场景，诗人身边的狸奴是觉察不到了，它安稳地睡在暖和的青绫上。

宋·李石

字知幾。据陆游《老学庵笔记》记载，李石本名知幾，后感于梦兆，因改名李石，以原名知幾为字。南宋文人、官员，曾任太学博士。

题黄筌牡丹花下猫

红英艳云霞，绿叶足风雨。
牡丹花未开，生意妙谁主。
丹青强摸索，闭目想未睹。
天巧非人工，神凝志良苦。
竦然花下猫，蜂喧聒如鼓。
醉眼不成睡，花气日亭午。
黄生与我意，盘礴一转语。
我老花无情，铅粉付儿女。

在题画诗中，画作不再是一动不动的死物，而成了一幅"动画"。在黄筌这幅画中，诗人"看"到猫儿伸长了脖子站下中午的牡丹花下，醉眼迷蒙却不能入睡，大概是因为此时花开正盛，引来了许多喧闹的蜜蜂。

宋·释云岫

字云外，号方岩。俗姓李，庆元府昌国（今浙江舟山）人。南宋诗僧。有《云外云岫禅师语录》一卷，收入《续藏经》。

悼猫儿

亡却花奴似子同，三年伴我寂寥中。
有棺葬在青山脚，犹欠镌碑树汝功。

　　云岫禅师养了一只猫唤作花奴，平时待猫如子。花奴过世后，禅师为其置棺，安葬在青山脚下。但仍觉得有所不足，因为花奴的墓前还少了一块墓碑，来记叙它陪伴自己的这三年间所立下的丰功伟绩。猫儿捕鼠，在古人看来就是猫的战功。

宋·释南叟
又称南叟茂，南宋名僧，曾居杭州径山寺。

失猫

捕鼠生机颇俊哉，受他笼槛竟难回。
劳人几度空敲碗，连唤花奴吃饭来。

　　南叟茂禅师饲养的猫，也是身手矫健的捕鼠能手。但是这只花奴天性爱自由，不愿意待在笼子里，逃逸之后竟一去不返。禅师多次敲着空碗呼唤花奴来吃饭，猫儿也不愿再回来。

宋·释怡云
法名法平，字元衡，号怡云野人，嘉禾（今浙江嘉兴）人，南宋高僧，陆游有诗寄之。有语录二卷。

谢猫

觅得狸奴最可怜，黑花高下巧相联。
怡云会里慈悲种，鼠自翻盆渠自眠。

怡云禅师寻来的猫儿，也是个不捉老鼠的主儿。不过禅师慈悲为怀，对它百般怜爱。开玩笑说，这不愧是佛门慈悲影响下的仁义之猫，老鼠翻盆也能睡得着觉。

宋·释智愚

号虚堂，又号息耕叟，明州象山（今宁波象山）人，俗姓陈氏，南宋著名禅僧。有《虚堂智愚禅师语录》。

求猫

堂上新生虎面狸，千金许我不应移。
家寒固是无偷鼠，要见翻身上树时。

虚堂智愚禅师养的是一只虎斑狸花猫，这只"虎面狸"深得禅师喜爱，千金不换。寺庙生活清贫，禅师的住处也像隐士林逋那样家徒四壁，连老鼠都懒得光顾。于是，猫儿不必再为人类提供捕鼠的服务，可以同禅师一起参禅悟道，做个仁义麒麟猫，或是真的"翻身上树"，自由嬉戏。

金·元好问

字裕之，号遗山，北魏皇室后裔，金代文学家、历史学家，是宋金对峙时期北方文坛盟主，被尊为北方文雄、一代文宗。金朝灭亡后，元好问曾被囚数年，晚年归隐故乡山西，潜心著述，有《遗山集》《中州集》存世。

醉猫图二首何尊师画宣和内府物
其一

窟边痴坐费工夫，侧辊横眠却自如。
料得仙师曾细看，牡丹花下日斜初。

其二

饮罢鸡苏乐有余，花阴真是小华胥。
但教杀鼠如丘了，四脚撩天一任渠。

元好问所见的这两幅《醉猫图》是北宋徽宗时期御府所藏之物，其中所绘的"醉猫"形态各异，有稳稳地挂睡在马车横轴上的，也有仰卧在地上、四只小爪凭空撩天的。可惜经过靖康之难后，徽宗所藏的三十四幅何尊师画作，大多佚散。除了元好问之外，后世还有元代袁桷也见过何尊师的醉猫图，并留下了诗作。

金·李纯甫

字之纯，号屏山居士，弘州襄阴（今河北阳原）人，金代文学家。

猫饮酒

枯肠痛饮如犀首，奇骨当封似虎头。
尝笑庙谋空食肉，何如天隐且糟丘。
书生幸免翻盆恼，老婢仍无触鼎忧。
只向北门长卧护，也应消得醉乡侯。

　　李纯甫应是一个好饮之人，在他眼里，居于庙堂之高不如归隐而糟丘。接下来他以己度猫，觉得猫儿有驱鼠护宅之功，也应享受一下一醉方休的待遇。不过，李纯甫所谓的猫饮酒，大概是古人所说的猫酒，也就是薄荷。

金·王良臣

　　字大用，潞州（今山西长治）人，金代文人、官吏。

狸奴画轴

三生白老与乌员，又现吴生小笔前。
乞与黄家禳鼠祸，莫教虚费买鱼钱。

诗人面对一幅猫画，联想到了几个老生常谈的猫儿典故。

金·李俊民

　　字用章，别号鹤鸣老人，泽州晋城（今山西晋城）人。曾中进士举第一，弃官隐居嵩山。元灭金后，拒忽必烈诏。有《庄靖集》。

群鼠为耗而猫不捕

欺人鼠辈争出头，夜行如市昼不休。
渴时欲竭满河饮，饥后共觅太仓偷。
有时凭社窃所贵，亦为忌器不忍投。
某氏终贻子神祸，祐甫恨不猫职修。
受畜于人要除害，祭有八蜡礼颇优。
近怜衔蝉在我侧，何故肉食无远谋。
眈眈雄相猛于虎，不肯捕捉分人忧。
纵令同乳不同气，一旦反目恩为仇。
君不见唐家拔宅鸡犬上升去，彼鼠独堕天不收。

诗中将猫不捕鼠和猫鼠同乳两种猫鼠关系相结合，借猫喻人，讽刺一些尸位素餐、与奸佞狼狈为奸的统治者，并告诫他们"纵令同乳不同气，一旦反目恩为仇"。

金·刘仲尹

字致君，号龙山，金代文学家。

不出

好诗读罢倚团蒲，唧唧铜瓶沸地炉。
天气稍寒吾不出，氍毹分坐与狸奴。

诗中刘仲尹与猫儿互为陪伴的场景似曾相识，陆游也有"溪柴火软蛮毡暖，我与狸奴不出门""夜阑我困儿亦归，独与狸奴分坐毯"之句。

金·杜仁杰

字仲梁，金末元初散曲家，曾受元好问两次举荐，却都"表谢不起"。著有《逃空丝竹集》《河洛遗稿》。

病中枕上

忽忽卧几月，遂成疏懒名。
却因久病后，更觉万缘轻。
月落窗影动，夜寒灯晕生。
狸奴似相慰，分坐守残更。

诗人病后怠懒的生活状态，与文天祥《又赋》中的描述类似。不同在于，诗人看到自己的猫蹲坐于床前后，心生感慨，幸好还有狸奴守护在侧，可以一起度过这个不眠之夜。

元·戴表元

字帅初，又字曾伯，号剡源，庆元奉化（今浙江宁波）人，元初文学家，有"东南文章大家""江南夫子"之称。有《剡源集》《剡源佚文》《剡源佚诗》。

周秀才惠猫

狸儿轻捷豹儿斑，作势擒生也不难。
渐觉形伸欲相贺，青奴黄妳夜平安。

友人周秀才送给诗人的猫，捕鼠时行动轻巧迅速，让诗人得以枕席安睡，也保护书圃平安。

元·程钜夫

号雪楼，又号远斋，元初文学家。曾受元世祖赏识，历四朝，为元朝名臣。主修《成宗实录》《武宗实录》，著有《雪楼集》。

题武仲经知事狮猫画卷

金丝色软坐常温，饱食深宫锦作墩。
若使爱书无法吏，诗人应叹鼠翻盆。

画卷上的狮猫，全身被毛如细软的金丝，住在深宫里享受锦衣玉食的生活。这样的狮猫一般来说是不会捕鼠的。程钜夫也想到了这点。但是猫不捕鼠，犹如有判书而无法吏，不能对老鼠绳之以法。作为一介诗人，自己也只能对老鼠毁室翻盆之事，兀自叹息了。

程钜夫曾官拜侍御史，行御史台事。期间有丞相桑哥专政，程钜夫曾对此上书极谏。不知在写下这首诗的时候，程钜夫是否也有所影射。

元·袁桷

字伯长，号清容居士，庆元鄞县（今浙江宁波）人。二十岁时被推举为丽泽书院山长。后累任应奉翰林文字、国史院编修、翰林直学士、侍讲学士等。

何尊师醉猫

搅瓮翻盆势不禁，晚风辞醉首岑岑。
醒来独立阑干畔，四壁无声蟋蟀吟。

何尊师是《宣和画谱》中所录的绘画大师，有《醉猫图》十幅，但其作品大多在靖康后佚散。袁桷面对眼前的这幅《醉猫图》，品出了猫从沉醉中醒来后，独自倚栏杆的寂静之态。这是作者站在诗人角度的浪漫拟人想象。

王振鹏狸奴

画堂绿幕镇犀悬，花影云阴得散眠。
自是主家扃锁密，晚风缘木捕新蝉。

王振鹏是元代著名的画家，元仁宗赐号"孤云处士"。画中的狸奴虽然是被主人锁在院中，但仍能在花影云阴下睡上一觉，还能爬到树上捕蝉，做一只真正的"衔蝉"。

元 · 柳贯

字道传，自号乌蜀山人，婺州浦江（今浙江兰溪）人，元代文学家，与虞集、揭傒斯、黄溍并称元代"儒林四杰"，曾任翰林待制，兼国史院编修。

题睡猫图

花阴闲卧小於菟，堂上氍毹锦绣铺。

放下珠帘春不管，隔笼鹦鹉唤狸奴。

《睡猫图》上的那只猫儿正闲卧在院子里的花阴下，屋里的地毯也很豪华，看得出来是一只投生在富贵人家的狸奴了。富贵人家不仅养猫，也养鹦鹉。猫睡着，笼子里的鹦鹉却要喊它起来。

元·揭傒斯

字曼硕，谥号文安，元代文学家、史学家、书法家。三入翰林，拜豫章郡公，主修宋、金、辽史，有《文安集》。

桃花鹦鹉

岭外经年别，花前得意飞。
客来呼每惯，主爱食偏肥。
才子怜红嘴，佳人学绿衣。
狸奴亦可怕，莫自恋芳菲。

此诗主要讲鹦鹉，尾联告诫鹦鹉不要贪恋繁花似锦，要小心花下伺机扑鸟的猫。

元·周权

字衡之，号此山，元代诗人，有《此山集》。

次韵友人求狸奴

裹盐觅得乌圆小，鼠穴俱空堵室安。

闲藉花阴眠昼暖，时亲蒲座伴更阑。

多年不厌无鱼食，数子新添减鹤餐。

分送故人应好去，慎防书架莫辞难。

　　好友家有小猫新生，诗人便想去讨要。既然是讨要，诗里自然要动之以情、晓之以理。他欣赏友人的猫既能维护家宅安宁，也能在深夜作陪，还不挑食，也是占尽了良猫品行。而友人家里添了新猫以后，大概会引起家中伙食的分配问题，倒不如将新生的猫儿分送故人，也好帮故人们维护书斋免于鼠患。

送狸奴无言师

香积清斋禅老家，地无余鼠浣尘沙。

狸奴不用惭尸素，清夜蒲团伴结伽。

　　诗人将自家所生的小猫，赠与无言禅师，斋中就再无鼠患了。斋中无鼠，猫儿还可以陪伴禅师打坐静修。

元·张翥

　　字仲举，晋宁（今山西临汾）人，元代诗人、官员，有《蜕庵集》。

岁晚苦寒偶成四章录似北山 （其二）

鼠劣翻书册，猫驯伴坐毡。

吟怀欣雪夜，疾目畏风天。

惟酒能消日，无方可引年。
我诗犹偈子，一问北山禅。

寒冬岁暮，诗人因病苦寒。虽然雪夜颇有诗意，却也因为眼疾，害怕冬日里北风呼啸的天气。寒冬漫长，唯有饮酒可以消磨时日，却不是使人康健、延年益寿的良方。开篇陪伴自己的猫和结尾参悟到的禅机，都是诗人在这个寒冬腊月里的光明和慰藉。

元 · 谢应芳

字子兰，常州武进人，曾隐居白鹤溪上，有室名"龟巢"，因以自号。元末明初学者，著有《辨惑编》《龟巢稿》等。

群鼠

群鼠穿我墉，昼出不我避。
苍头生执之，赤手遭啮噬。
号呼惊四筵，狸奴尽呼至。
群狸视如盲，鼠辈从此逝。
老我气力衰，长吁夜无寐。

诗人家中闹鼠灾，鼠昼出不避人。家中奴仆上前活捉一只，反遭老鼠啮咬，只好将家中豢养的猫尽数呼来，但并未起到作用，让诗人彻夜长叹。

元·杨维桢

字廉夫，号铁崖、东维子等，会稽（今浙江诸暨）人。元末明初著名文学家，有《东维子文集》《铁崖先生古乐府》。

理绣诗

拣得金针出象筒，鸳鸯双刺扇罗中。
却嗔昨夜狸奴恶，抓乱金床五色绒。

诗中的女子为了绣出羽毛华丽的鸳鸯，特地整理好了五彩的丝线。却不料丝线这种东西也是猫儿的最爱，夜里一不留神，整理好的五色绒就被狸奴抓乱了。

寄沈秋渊四绝句 （其三）

鹿皮之冠鹤氅裾，军前不肯带铜鱼。
花猫望鹿拜履下，知有枕中黄石书。

诗题中的"沈秋渊"应是一位元末明初的道士，因此戴鹿冠、着鹤氅，同时代的诗人高逊志有《题茅山道士沈秋渊海盐听潮里小瀛洲录呈耕渔隐人》。

元·钱惟善

字思复，自号心白道人、武夷山樵者，钱塘（今杭州）人。有《江月松风集》。死后与杨维桢、陆居仁同葬干山（今上海松江天马山），是为"三高士墓"。

芙蓉白描手卷

秋花石上玉狻猊，金尾翛翛敛四蹄。
零落旧时宫女扇，扑萤曾见画阑西。

这也是一首咏画的诗。诗中的猫收起四肢，趴在芙蓉花下的奇石上，只有一条尾巴无所事事地垂钩着。猫儿可能在回忆去年此时，这里曾有一个拿着轻罗小扇扑流萤的宫女，如今人面不知何处去。一首小诗，充满了对光阴易逝、故人零落的怅然。

题宋徽宗画狸奴衔鱼图

徽庙宸翰世已无，衔鱼随意写狸奴。
銮舆北狩知何处，惆怅春风看画图。

面对宋徽宗的这幅《狸奴衔鱼图》（今佚），钱惟善想到的是靖康之变后徽宗被掳北上的劫难。銮舆北狩之后，徽宗再未回到故土，后人只能对着这幅画作暗自伤春。

元·胡奎

字虚白,自号斗南老人,海宁人,元末明初学者,有
《斗南老人集》。

题母子猫图

大猫斑斑虎豹姿,小猫白白如狻猊。
斑者是母白者儿,石苔昼卧春迟迟。
儿能跳踉母不知,牡丹花前胡蝶飞。
薄荷叶底酣晴晖,小鬟溪头买鱼去,月下敲盆呼尔归。
岂不闻东家韩卢知报主,夜深防盗兼捕鼠。

　　画上的虎斑大猫在石苔昼卧,小白猫则在花前跳跃扑蝶,这是一幅标准
的《猫蝶图》。古人画猫多画猫蝶共舞的话题,谐音"耄耋",寓意长寿。

元·王冕

字元章,号煮石山农,亦号梅花屋主,浙江诸暨人,
元代画家。有《竹斋集》。

画猫图

吾家老乌圆,斑斑异今古。
抱负颇自奇,不尚威与武。
坐卧青毡旁,优游度寒暑。
岂无尺寸功?卫我书籍圃。
去年我移家,流离不宁处。

孤怀聚幽郁，睹尔心亦苦。

时序忽代谢，世事无足语。

花林蜂如枭，禾田鼠如虎。

腥风正摇撼，利器安可举？

形影自相吊，卷舒忘尔汝。

尸素慎勿惭，策勋或逢怒。

王冕家中的"老乌圆"陪着他从旧居迁往新地。在旧居时，猫儿活得很有松弛感，虽然不太爱展露自己的威仪，一年四季都待在毛毯上，但是驱鼠护书的功劳也没落下。自从去年猫儿随着王冕迁往新地，受了些颠沛流离之苦，"老乌圆"就开始显得颇为抑郁。虽然新居附近有花林也有稻田，蜂类和老鼠都十分活跃，但是猫儿却不再有捕鼠戏蜂之举。王冕此诗此画，想必也是为了给猫儿鼓劲。不过，以当代"铲屎官"的视角看来，王冕家"老乌圆"行为的改变，多半是因为迁居到了陌生环境，而引起了一系列应激反应。

元·丁鹤年

其父名叫职马禄丁，以父名丁为姓，字永庚，号友鹤山人，元末明初回族诗人，精通回汉医学和养生，有《丁鹤年集》。丁鹤年也是北京老字号"鹤年堂"的创始人。

题猫

食有溪鱼卧有裀，主恩深重更无伦。

若将乳鼠夸为瑞，恐负隆冬蜡祭人。

此诗借唐代"猫鼠同乳"一事,展开了一个关于猫的小评论。

元·唐琪

字温如,会稽山阴(今浙江绍兴)人,元末明初诗人。其父唐珏为南宋义士。宋亡后,元僧杨琏真迦将南宋葬于绍兴的帝王陵寝发掘殆尽,唐珏暗中出资招募乡里人,收集被挖走的遗骸葬于兰亭山。

猫

觅得狸奴太有情,乌蝉一点抱唇生。
牡丹架暖眠春昼,薄荷香浓醉晓晴。
分唾掌中频洗面,引儿窗下自呼名。
溪鱼不惜朝朝买,赢得书斋夜太平。

唐琪家的猫是一只白底黑斑的衔蝉猫。牡丹花下眠,薄荷醉晓晴,是大部分诗人笔下猫儿闲适的日常。不过唐琪是仔细观察过猫的,猫儿唾掌洗脸,以及在窗下喵喵叫唤仿佛在"自呼名"的情形,对比那些人云亦云的典故,就显得生动而高明。衔蝉的"有情"让主人不惜每日斥资买鱼,而猫也懂得回报,帮主人维护书斋的太平,人猫和谐共处。

元·李昱

字宗表,号草阁,元末明初学者。曾于元末避祸浙江金华,明太祖洪武年间出仕国子监助教。著有《草阁集》。

题王子荣主簿所藏醉猫图

凉风晚香吹荚苟，狸奴咀之酣且卧。
金晴不动尾鬖髿，翠屑阑珊落余唾。
眼前黠鼠纷如云，白昼从横喜相贺。
翻盆搅瓮任汝为，草性须臾如酒过。
奋须一攫何所逃，腥血空令齿牙浣。
黄筌老手妙入神，安得遍示寰中人。
呜呼！安得遍示寰中人。

　　诗人所写的这幅《醉猫图》乃是唐末五代画家黄筌的作品。画中的猫闻到晚风中薄荷的香味，仿佛喝醉了一般酣睡，睡梦里还流出了一点口水。对在眼前翻盆倒瓮、恣意妄为的鼠辈，猫儿没有丝毫反应。但诗人觉得，这并不代表这只猫会一直醉下去，总会有那么一刻，猫儿醉醒，奋须一攫，这些鼠辈便无路可逃了。

明·刘基

　　字伯温，明初政治家、文学家，是明朝的开国元勋之一。有《诚意伯文集》。

题画猫

碧眼乌圆食有鱼，仰看胡蝶坐阶除。
春风漾漾吹花影，一任东郊鼠化鴽。

　　刘基所题的这幅猫蝶图，猫儿拥有一双绿色的眼睛，这在前代诗文描述中比较少见。画中的猫坐在花丛里观察蝴蝶，却不会捕鼠。本诗其实是以猫讽人。

明·蓝仁

　　字静之，自号蓝山拙者，明初诗人，有《蓝山集》。

惜猫怨

山人养猫俊而小，畏渴怜饥惜于宝。
一鸣四壁鼠穴空，卧向花阴攫飞鸟。
邻家畜犬老更狂，狭路相逢力不当。
吁嗟猫死难再得，恶物居然年命长。

　　诗中的猫俊俏乖巧，蓝仁也把这只猫像宝一样照料着。猫儿不负所托，凡它的叫声所到之处，老鼠都四散而逃。但如此好猫偏偏和邻家的恶犬狭路相逢，打闹撕扯中，猫儿不幸身故。乖巧的猫儿世间再难得，而蓝仁也只能无奈地写下"恶物居然年命长"。

明·高启

　　字季迪，号槎轩，曾隐居吴淞青丘，因自号青丘子。明初文学家、诗人。高启与刘基、宋濂并称"明初诗文三大家"，又与杨基、张羽、徐贲并称"吴中四杰"，有《高太史大全集》《凫藻集》《扣舷集》。

寄沈侯乞猫

许赠狸奴白雪毛，花阴犹卧日初高。
将军内阁元无用，自有床头却鼠刀。

诗人写诗向沈侯讨要他的白猫，诗中开玩笑说，这个猫反正只会在花阴里躺着睡觉，而沈侯英武，床头有刀剑便已能让鼠辈退却，猫儿留在沈侯处也不能派上捕鼠的用处。

明·瞿佑

一作瞿祐，字宗吉，自号存斋，钱塘（今杭州）人，明初文学家，著有《香台集》《乐府遗音》《剪灯新话》。

玳瑁猫

虎毛斑驳爪牙坚，食有鲜鳞卧有毡。
海客徒能知黑暗，舟人自爱蓄乌员。
磨簪制带非同品，捕鼠衔蝉是独权。
却笑老狸夸玉面，竟遭鼎镬荐盘筵。

诗中的这只毛色如同"磨簪制带"的玳瑁猫，应是船上的捕鼠干将，受到了所有海员的喜爱。它"食有鲜鳞卧有毡"的生活，和果子狸常常沦为人类盘中美食的经历相比，实在是一个天上一个地下。

明·解缙

　　字大绅，一字缙绅，号春雨，明代初期文学家。解缙曾官至内阁首辅，并主持纂修《永乐大典》，后因成祖立储事遭人构陷出京，又因"无人臣礼"入狱，最终在明成祖的密令下，被锦衣卫活埋在雪地之中。

题茅山道士藏徽宗画猫食鱼图

　　仙篆从教满石床，花阴睡觉赴云乡。
　　即今鼠辈都消尽，饱食溪鱼化日长。

　　解缙所写的这幅出自宋徽宗的《猫食鱼图》，在元代钱惟善的诗中似乎也出现过。在解缙这里，画上这只饱食溪鱼卧花阴的猫，不再是文人口中尸位素餐的不捕之猫。这位身处庙堂之高的文学家更愿意相信，它是将鼠辈消灭殆尽后才开始安享生活的，颇有"事了拂衣去，深藏功与名"的淡泊之姿。

明·刘泰

　　字子亨，一说士亨，钱塘人，有《菊庄》《晚香》等。

咏猫

　　口角风来薄荷香，绿阴庭院醉斜阳。
　　向人只作狰狞势，不管黄昏鼠辈忙。

这首诗也写了一只醉卧在庭院薄荷丛里，却无意捕鼠的猫，意在讥讽小人得志。

明·童轩

字志昂，明代文学家、科学家、官员。精通天文历法，曾掌钦天监事，官至南京礼部尚书。著有《清风亭稿》《枕肱集》《纪梦要览》《海岳涓埃》《筹边录》等。

仓鼠谣

太仓有粟崇如京，太仓群鼠穴为营。
群鼠穴仓得所凭，旧谷既没新谷升。
大者如狐小者豚，累累白昼兼人行。
群翻聚啮巧斗声，狸奴坐视不敢惊。
君不见，三秋无雨禾稻枯，遑遑菜色愁田夫。
仓中有粟官不发，县吏打门犹索租。
老羸旦夕且沟壑，群鼠饱食人所无。
于虖群鼠汝勿喜，会有张汤来磔汝。

群鼠以粮仓为穴，长得如狐如豚，可谓硕鼠。它们以谷仓为穴，粮食源源不断，一定有所依靠，白天出洞作祟也不避人，而本应执掌捕鼠职责的猫也不敢轻举妄动。仓中有蠹虫硕鼠为祸，仓外大旱，饥民皆有菜色，变身饿莩横尸沟壑也只在旦夕之间。而官吏非但没有开仓赈济，反而横征暴敛无休无度。如此想来，诗人所指粮仓里的硕鼠也未必只是硕鼠，更可能是贪赃枉法的官吏，与"打门索租""有粟不发"以及"坐视不敢惊"的县吏沆瀣一气。诗人只能寄希望于何时出现一个张汤，为天下"劾鼠"。

明·徐溥

字时用，号谦斋，明中期名臣，弘治五年官拜首辅，辅佐明孝宗开创弘治中兴，有《谦斋文录》。

题桃花斑猫
其一

碧桃花下春风暖，绿草铺茵芳径软。
乌员引儿群狎游，深院无人恣消遣。
蹲窥仰瞰或俯临，纵横上下相追寻。
晓日床头殊可爱，溪鱼岂惜囊中金。
此种从来岂易得，彪炳文章绚奇色。
衔蝉搏鼠何足论，遗类应知自殊域。
画工手妙不可当，模逼造化真行藏。
披图展玩漫题品，满庭生意呈休祥。

《桃花斑猫图》所画的，应该是一群身负绚丽多彩斑纹的猫。大猫带着小猫在桃花树下、绿荫小径上嬉戏。院中无人，猫儿们也得以跳上跃下、恣意玩耍。猫儿早上在床头盯着人看的样子也是相当可爱，像当代许多"铲屎官"一样，诗人也怕是守不住钱袋，要常常给猫儿买鱼吃。这样纹章花色好看的猫儿应是难得一见的品种，在这样好看的模样之前，猫能不能捕鼠大约也不算个事了。诗人感慨于画工妙笔，玩赏之间顿觉满庭生芳。

其二

东风暖入藏春坞，狸奴引群三复五。

花容旖旎披靴毛，草木蒙茸衬香土。
荧荧眼光一线微，绿树阴中日亭午。
徜徉仰俯真自适，曳尾摩须或交股。
腥膻谁问食无鱼，捕逐宁知田有鼠。
朋侪亲狎少忤触，子母追随争哺乳。
生生物性皆天然，甄陶喜见阳和普。

画中所表现出来的天然物性，让诗人喜不自胜，一首诗不足以表达诗人对这幅《桃花斑猫图》的喜欢，必须再题诗一首，来描写这三五成群的猫在春日里自由适意的样子。

明·倪岳

字舜咨，应天府上元（今江苏南京）人，明朝名臣，官至吏部尚书，著有《青溪漫稿》。

四时猫
其一

玉雪娟娟好羽衣，小山花竹正晴晖。
翻盆倒瓮无心问，闲看东风蛱蝶飞。

冬去春来的季节，山丘上花竹掩映，风光无限。猫儿根本无心去管翻盆倒瓮的老鼠，只爱看蝴蝶在春日里翻飞。

其二

养得狸奴解策勋，可怜小雀已离群。
生平威力才如此，莫遣君家鼠辈闻。

家中养的小猫终于到了能为家里立一点点功的年纪，但是偷粮食的小鸟却已经长大离群。倪岳嘲笑小猫儿毕竟威力有限，这个事情最好别让家里的老鼠知道。

其三

步出花阴野雀高，惊心短翼免相遭。
主人莫更穿鱼待，田叟迎猫已自劳。

猫儿在花丛里追逐野雀，野雀扑棱着短小的翅膀，惊飞逃逸。猫的主人可能还想着等人上门聘猫去履行它的天职，但其实不用再等了，那边的老农夫早就已经祭拜过猫神了。

其四

狰猛狸奴乳虎同，菊边高卧饱霜风。
养威好作他时用，一举须令鼠穴空。

从早春到晚秋，猫儿也逐渐长成了小老虎一样的凶猛模样，趴卧在菊花丛边休息。猫儿跨越了四季却从不捕鼠，主人也为它寻找了许多不捕的理由。这个季节的理由则是，猫儿需要养精蓄锐，后面一定会一举端空鼠穴。不过，这应该只是作者的一厢情愿罢了。

明·王鏊

字济之，号守溪，晚号拙叟，或称震泽先生，谥号文恪。明代名臣、文学家。唐寅称其"海内文章第一，朝中宰相无双"。有《震泽编》《震泽集》《震泽长语》《震泽纪闻》《姑苏志》等。

宣庙画猫歌

禁柳疏疏还密密，狸奴稳卧阶前日。
日长睡起鸣一声，掉尾欲行还不行。
先皇为爱驯且异，呼之即来麾即逝。
偶然点缀为写生，毵毵毛衣狮子形。
绛罗垂垂铃索索，目光耽耽透帘箔。
纵然未解起捕鼠，鼠辈见之应胆落。

明宣宗朱瞻基这幅画中的猫是皇家狮猫，可以招之则来挥之即去，在绛帘中循着铃声与人玩耍。宫中的狮猫稳卧柳下阶前，睡醒抖抖尾巴，拉伸一下身体，欲行还休。诗人称赞狮猫虽不捕鼠，但目光所到之处，也是要令鼠辈闻风丧胆的。

明·文徵明

原名壁（或作璧），字徵明，四十二岁后以字行，号衡山居士，苏州人，明代书画家、文学家。在画史上，文徵明与老师沈周共创"吴派"，并与沈周、唐寅、仇英合称"明四家"；文学上他和祝允明、唐寅、徐祯卿并称"吴中四才子"。

乞猫

珍重从君乞小狸，女郎先已办氍毹。
自缘夜榻思高枕，端要山斋护旧书。
遣聘自将盐裹箬，策勋莫道食无鱼。
花阴满地春堪戏，正是蚕眠二月余。

文徵明也不能免于被老鼠搅翻书斋的经历，乞猫也是为了夜间能够高枕无忧。他沿用了一贯的聘猫传统，用箬竹裹了盐，并让小女儿专为猫儿准备了坐卧的毛毡。此外，他还向猫儿承诺了两件事：其一，如果捕鼠有功，他绝不吝啬买鱼钱；其二，家中有花阴满地的院子可以供猫儿快乐地生活。这首《乞猫》虽然在古往今来一众文人的乞猫诗中不算有新意，但也十分诚恳可爱。

明·边贡

字庭实，自号华泉子，明代文学家、官员。明"弘治四杰""前七子"之一，有《华泉集》。

王使君诲处觅猫

雪白狸奴尾胜金，曾娱白发戏花阴。
急须分乞邻姬养，莫遣空摧孝子心。

这应该是一首代长辈乞猫的诗。诗人家中原有一只"金枪插银瓶"，很得老人的欢心。如今上门向邻人乞猫，请邻人成全自己以猫娱亲的孝子之心。

明·唐顺之

字应德，一字义修，号荆川，谥号襄文，武进（今江苏常州）人。明代学者大儒、文学家、军事家、抗倭将领。文学上主张"师法唐宋"，是明中后期"唐宋派"文坛领袖，"嘉靖八才子"之一，和归有光、王慎并称"嘉靖三大家"。在军事上主张抗倭，曾任兵部主事、右金都御史，于崇明岛亲率兵船破倭，嘉靖三十九年病逝于抗倭途中。

晓起观猫捕鼠

起来隐几坐朝暾，深谢当关早闭门。
檐角偶欣猫捕鼠，反观尚觉杀心存。

诗人早起，凭几而坐，偶然间看到屋檐一角有猫在捕鼠，欣然观赏了一会儿，觉得猫儿对老鼠应有杀心。这时，诗人或许想到了自己身为抗倭的将领，对敌寇也应如此。

明·徐渭

字文长，号天池山人。明代中期的文学家、书画家、戏曲家、军事家。徐渭著述类型广泛，著有戏曲理论《南词叙录》、杂剧《四声猿》《歌代啸》，有传世画作《墨葡萄图》等，与解缙、杨慎并称"明代三大才子"，今人辑有《徐渭集》。

狸

狸虽一尺躯，猛气制十里。
有时怒一号，无牙堕梁死。
安得此辈来，坐吾书匣底。

诗中徐渭对猫的赞誉，有点像明代陆粲《庚己编》里收录的"猫王"故事。"猫王"讲的是福建布政使朱彰遭贬谪后，去做了陕西庄浪驿丞。有一日朱彰遇到吐蕃使臣入贡一猫，就问此猫有何异能。使臣于是将猫盛罩在双重铁笼里，放在一间空屋子里。次日往视，有数十只老鼠伏于笼外尽死。所谓猫王，就是"此猫所在，虽数里外鼠皆来伏死"。

买得一猫雏纯黑而雄戏咏

柳条不必穿鱼聘，花径冯教扑蝶行。
从此牡丹须再画，要看一线午时晴。

诗中的徐渭聘来了一只纯黑色的小公猫。不过有趣的是，没有猫的时候，他对猫的刻板印象是"猛气制十里"，一怒冲梁，可使老鼠堕梁而死的

"猫王"。聘来了猫以后，那就是在花径里扑蝶的小可爱。猫不仅能捕鼠护书，也是画家笔下描摹的对象。从此，就连牡丹都要重新画过，一定要利用猫儿的瞳孔变化，画出"正午牡丹"的效果。

明·庞尚鹏

字少南，谥号惠敏，明代名臣、改革家。庞尚鹏为官耿直刚正，历任御史、浙江巡按、大理寺丞等，曾于浙江巡按任上推行"一条鞭"法，为后来张居正的赋税改革打下了基础。

猫卧花下石山

横天剑气夜光间，晚入重楼护赐书。
赢得花阴闲白昼，敢论终岁食无鱼。

到了明代，文人越来越多地开始挑战前代先贤关于猫的一些论断。前代诗人看到猫儿白日闲眠，就会习惯性地冠之以"不捕之猫"的名号。和一百多年前的解缙一样，这位明代名臣也同样选择了为这幅画上闲卧的猫儿辩白：它们白天在花下石山睡大觉的闲适，是用夜间护书捕鼠的功勋换来的。

明·胡应麟

字元瑞，号少室山人，又号石羊生。明代学者、诗人、文学批评家。著有《诗薮》《少室山房集》《少室山房笔丛》。

题花石狮猫图

长日花阴下，安眠雪作肤。
玉人春梦醒，何处唤狸奴。

　　洁白如雪的狮子猫在花阴下安睡，诗人想象中，这样美貌的狮猫，应当是妙龄女子所养，女子睡醒后，定当要唤起猫儿同耍。

明·王世贞

　　字元美，号凤洲，又号弇州山人，明代文学家、史学家、官员，曾官至南京刑部尚书。有《弇山堂别集》《嘉靖以来首辅传》《觚不觚录》《弇州山人四部稿》等。

唐伯虎画牡丹下睡猫题者不甚快意因戏为作之

白日当卓午，狸奴睛一线。　胡为尚颓然，曲肱掩其面。
得非薄荷醉，毋乃干陬倦。　风吹木芍药，时时堕芳片。
堕者作裀褥，留者充帷帘。　高卧时未至，雄才晚方见。
纵横群鼠辈，未解事机变。　牙爪攒戟霜，飞腾掣弓电。
讵止无当锋，谁与敢奔殿。　刳裂惩狡贪，吮咀慰酣战。
能令此辈空，不爱通侯券。　丹青何人手，唐子少豪健。
卖骏足偶蹶，屠龙技方贱。　韬精恣鼓趺，含意在荒宴。
鲑虾苟不乏，猫鼠各自便。　犹胜李馤州，摇尾媚娘殿。

　　王世贞偶得唐伯虎画的睡猫图，看到上面有人题画，似对画上的睡猫不甚愉快，所以写下这首诗给前面这位题画者讲一个与其认知相反的道理。王世贞从画作本身联想到猫儿正午睡在牡丹花下，并非一定是尸素和惫懒，也可能是因为夜间与鼠辈大战，白日里来补个觉。好比有识之士时逢乱世则奋起救国，太平盛世则曲肱而睡、韬光养晦，退居泉林，不慕荣华权柄。

明·郑学醇

字承孟，号慕洲，明代文学家，历任武缘知县、南宁知府，有《勾漏集》《浙游草》等。

猫

卧凭毡罽食凭鱼，薄荷香传半醉余。
一线绿睛闲白昼，冷看鼯技渐消除。

诗中的猫是一个养尊处优的主儿，睡毛毯、吃鱼餐、醉薄荷，一双绿色的眼睛在白天眯成一条线，哪怕自己的捕鼠技艺退化消失，它也毫不在意。

明·佚名（或云尼觉清）

庵壁诗

急忙简点破袈裟，收拾行囊没一些。
袖拂白云归洞口，肩挑明月绕天涯。
可怜松顶新巢鹤，却负篱根旧种花。
再四叮咛猫与犬，休教流落俗人家。

这是一首题在庙庵墙壁上的诗，题诗者可能是一位云游的女尼，白云拂袖、明月在肩，已经离开这个寺庙云游去了。她走之前，院里的松树刚有新鹤筑巢，自己的离开也要辜负院墙下的花草。她也记挂自己曾豢养的猫犬，反复叮咛。

清·陈悰

字次杜，苏州府常熟人。

天启宫词

红鷃无尘白昼长，丫头日日侍君王。
御厨余沥分霑惯，不羡人间菠蘭香。

《天启宫词》是一部记录明朝天启年间许多奇闻轶事的诗集，一说为明末秦兰徵所撰。明朝天启年间，禁中御猫生活条件优渥，就连吃食也是由御厨房提供的。在这样的味蕾享受下，御猫们怕是对猫薄荷的兴致也减退了许多。

清·王誉昌

字露滑，号话山，清代诗人，有《含星集》《话山自选诗》等。

崇祯宫词

白凤装成鼠见愁，缃钩碧缱锦绸缪。
假将名字除灾祲，何不呼为伏虎头。

这首诗其实说的是崇祯年间宫中流行的猫头鞋。但诗人觉得，猫头鞋的寓意并不好，因为猫的读音和代表干戈的"旄"相近，不如称之为伏虎头。

清·褚人获

字稼轩，一字学稼，号石农、没世农夫等。明末清初小说家、文学家，江苏长洲（今苏州）人。有《坚瓠集》《隋唐演义》《读史随笔》《退佳琐录》《续蟹谱》《宋贤群辅录》等。

咏无锡纸糊猫

乌员异种许谁如，粉墨传神意有余。
共信颜名能捕鼠，也知忘食可无鱼。
义同乳子交欢日，静似窥人对局初。
二李当年应愧尔，腹中畛域已全除。

作者把纸猫称作猫的异种，他手里的这只纸猫仅凭粉墨的修饰和刻画，就让它有了真猫的神韵。纸猫寄托了人们希望家无鼠害的朴素愿望，却不像真猫那样需要鱼餐犒劳或扰人清静，更不会像当年那两个被称为"李猫"的二李（唐朝李义甫、南唐李德来）那样腹中狡黠。

清·查慎行

初名嗣琏，字夏重，号查田，后改字悔余，晚号初白老人，清初六家之一。有《敬业堂集》《查初白诗评十二种》。

责猫

其一

鱼飧饱后似逃逋，长养成群窃肉徒。
孰是汉廷刀笔吏，尽将鼠罪坐狸奴。

　　诗中的猫吃饱了鱼餐，却不管鼠患，任凭老鼠们成群结队地来偷肉。气得查慎行要搬出汉代酷吏张汤的典故，来给这个纵鼠横行的猫一同治下连坐之罪。

其二

老人长夜每醒然，兀坐昏昏抵昼眠。
怪尔也来争此席，公然睡暖旧青毡。

　　诗人说自己常常夜里睡不着觉，只好茫然地坐起身来。而猫却在这时大摇大摆地趁虚而入。即便鸠占鹊巢，查慎行也只是"怪问"这只和自己争席的猫，并不驱赶，任凭它睡暖了青毡。

清·王崇炳

　　字虎文，号鹤潭，浙江东阳人。著述颇多，有《金华文略》《学耨堂文集》《学耨堂诗集》《广性理吟》《东湖讲义》《四书口谈》《历朝怀古》等。

猫攫蝶影

斑面狸奴踠捷才，牡丹花下卧青苔。
无端粉鼻翻风过，忽睹飞蚨掠地来。
虚攫腾身如有获，谛观似脱转惊猜。
世间得失皆无实，都是蕉阴一梦回。

王崇炳用猫扑蝶看似有所获却又让蝴蝶逃脱的场景，来譬喻世间得失都如梦幻泡影，无需在意。

清·梁启心

初名诗南，字首存，号蔎林。钱塘人，清代文人。

咏猫

鼠窃人间无了期，天生是物善追穷。
全身斑异寻常种，一线眸通十二时。
稳卧床敷憎附热，潜蹲花径爱腾嬉。
千秋义府名犹在，岂识狸奴有不为。

诗人赞美了猫儿善于追鼠的天性，也喜欢它独立高傲、不依附于人的个性，又批判了古人把唐代权臣李义府称作李猫之事。诗人说，猫是一种有所为也有所不为的有灵性的动物，且不要拿它和佞臣相提并论。

清·袁枚

字子才，号简斋，钱塘人。辞官后隐居于南京随园，故号随园老人、随园主人，晚年自号仓山居士。袁枚是清代著名的文学家、文学评论家，有《随园诗话》《随园诗话补遗》《随园食单》《子不语》《小仓山文集》等。

相公眷属先期入都枚入起居见白猫悲鸣公独作凄然因以诗乞

乌圆为送主人行，似抱离愁宛转鸣。
绕座已无云鬓影，闻呼还认相公声。
也同遗爱甘棠好，可许寻常百姓迎。
小畜有灵应识我，绛纱帷里旧门生。

　　袁枚的老师尹继善即将赴京任职，袁枚前往尹宅探视，发现家中还留下一只白猫与老师相对凄然。猫儿绕着坐墩悲鸣，而先前照料它的尹家眷属都已先行入京，不在身边了。家属并未携猫入京，大概是担心猫在路上受颠沛流离之苦，老师一面舍不得猫儿受苦，一面又担心猫独自留守。于是袁枚顺势提出了可由自己收养猫儿的解决方案，就此把老师的猫讨了回来。

猫来后又以诗谢

狸奴真个赐贫官，惹得群姬置膝看。
鼠避早知来处贵，鱼香颇觉进门欢。
果然绛帐温存久，不比幽兰服侍难。
寄语相公休念旧，年年书札报平安。

讨了老师的猫回来以后，袁枚又写诗一首向老师报平安。诗中说，家中的女眷都视猫如珍宝，厨房也备好了鱼餐。至于家中的老鼠，则都闻风而动，躲避了出去。袁枚向老师表示，既然是老师的猫，那便一定和兰花一样精贵，要好好照顾，希望老师不要忧心猫儿的境况，以后每年都会写寄书札，来报猫的平安。

清·王姮

字樨影，号月函，浙江仁和人，清代女诗人，有《咏物诗存》《绣余吟稿》。

咏懒猫

山斋空豢小狸奴，性懒应惭守敝庐。
深夜持斋声寂寂，寒天媚灶睡蘧蘧。
花阴满地闲追蝶，溪水当门食有鱼。
赖是鼠嫌贫不至，不然谁护五车书。

诗人养猫是为了守护书斋，但小猫却表现得贪睡贪玩又贪嘴。诗人只能暗自庆幸，大概老鼠是嫌我贫穷家无长物，所以未曾上门作怪，不然谁来帮我守护这许多书籍呢？一说此诗为清代文人庄元燮所作。

清·戴廷熺

字纶长、鹂亭，号珠渊，钱塘人，清代文人，曾任盐场大使，著有《听鹂亭诗集》。

戏成失猫诗邀王素心厉樊榭诸同人和
其一

数卷残书谨护持，衔蝉迎得浴蚕时。
一宵抛却藤墩去，便有梁间黠鼠知。

二月浴蚕时迎来的猫儿，一直帮诗人将书匣维护得很好。但猫儿有一日忽然离开了它日常盘卧的座墩，离家出走，梁上也立刻出现了老鼠活跃的身影。

其二

几费儿童汁汁呼，花阴何处觅云图。
红榴将子谁人画，试问能描九坎无。

猫儿不见之后，家中的孩子在花丛里到处唤猫。诗人于心不忍，便试问是否有画师，能把这只猫儿的英姿记录下来。

其三

翻经为伴夜灯余，肯恋邻家食有鱼。
葵苋闲园还忆否？秋风黄蝶影蘧蘧。

那只曾经夜里与诗人伴读的猫儿不见了。诗人往好处想，它大概是贪慕邻居家有鱼吃。家中长满葵菜的小园，以及秋风里像蝴蝶一样飞舞的落叶，都难以和鱼餐的诱惑相匹敌。

清·黄琛

字西清，号山民，又号筠笑。钱塘人，清代画家。

忆猫 （并序）

　　向畜一猫，首尾至足纯黑，故以黑奴称之。相猫法云："眼要金光身要短，面要虎威声要喊。"黑奴能兼之。自畜后，不独吾家鼠子潜踪，即邻近亦无啮物翻盆之患。壬子冬，忽为夺爱者窃去。续聘数狸，俱无有如黑奴者。丁巳秋，会有感触，因愈慨惜。爰成四章，义示不忘。

　　　　聘来远地隔之江，镇日闲眠绿绮窗。
　　　　空室不烦笼铁罩，火星曾验背银缸。
　　　　狮身善戏真无两，虎面含威讵有双。
　　　　太息一朝因失守，至今诗思未能降。

　　杭州诗人黄琛从钱塘江对岸聘来一只纯黑的猫，唤做黑奴。白日里，黑奴虽然喜欢闲眠绿窗台，但这并不妨碍它夜间捕鼠勇猛无双。自从有了黑奴，不独自己家里没了老鼠，就连邻家的鼠患都被清理得干干净净。诗人只叹自己有一天没看管好黑奴，不幸失去了它，至今仍在怀念。

　　　　任他锦带与云图，白凤乌员及雪姑。
　　　　穿柳鱼钱宁尔惜，含香狸藉问谁铺。
　　　　毛衣咸爱浑如墨，精彩偏饶泽似酥。
　　　　怪底小鬟无赖甚，一回流涕一回呼。

　　第二章里,诗人列举了许多古代名猫,却没有一个能比得上自己的黑奴。它满身黑毛如墨,油亮光泽,人见人爱。也无怪黑奴走失后,家里的小丫鬟伤心地涕泪纵横。

> 杳然亡却记黄昏,知在谁家宅院门。
> 宁亦幻龙真化去,莫因捕蝶尚潜蹲。
> 图形茶肆求何切,征梦堂前思入元。
> 频唤仙哥殊不应,主人早悸夜翻盆。

　　诗人还记得黑奴是在一个黄昏走失的,如今也不知道是守在谁家的院中了。有时候诗人更希望黑奴的消失是因为它是神猫,化作了虬龙升仙而去,而不是在外贪玩捕蝶忘了回家的时辰。自己和家人也曾像当年的秦桧那样,为了找猫将告示散遍全城的茶楼,甚至想在梦里求仙问道,问问猫儿最后是不是也像仙哥那样放弃了成仙,藏身在某个仙人洞窟里。梦没做完,却被老鼠吵醒了。

> 岂是才从幸脱回,五更声喊费疑猜。
> 邻家豢养难收管,屋瓦翻腾任往来。
> 空说麒麟名号误,剧怜鹦鹉羽毛催。
> 黑奴洵属人间少,乞遍人间愿不灰。

　　诗人在五更天时听到外面有猫叫唤,就想着是不是偷走黑奴的那家人根本管不住它上梁揭瓦的性子,终于把黑奴放回来了。可惜黑奴始终没能回来。作者在序中也说,后来续聘许多猫,再也没有像黑奴这样称心的毛孩子了。

清·赵昱

原名殿昂，字功千，号谷林。清代藏书家。

樊榭敬身有和友人失猫诗戏作
其一

为问能衔一朵花，主人毡暖漫相夸。
恐因长脚生来相，不卧桃笙善走家。

家里走失的这只猫，嘴角上的斑纹像衔了一朵花。此猫天生爱自由行走，不喜欢一直躺在主人家。

其二

遍写零丁帖子张，任他称鬼亦称王。
南泉闲却龙蛇手，冷闹东西罢两堂。

猫儿走失以后，主人写了许多寻猫启示到处张贴，都无济于事。诗人于是想到，倘若那时候南泉和尚也像友人这般走失了猫，是不是就不需要斩猫来平息东西两堂的争执了。

其三

一自凝尘几榻侵，乞真鼠即惬幽心。
聊陈七十余新事，博物还输徐楚金。

　　猫走了以后，几案坐榻都蒙上了灰尘，老鼠也变得悠闲惬意起来。主人念猫，记了古往今来许多关于猫的典故，却始终觉得自己比不上南唐时期博闻强识、能记起七十多则猫典故的徐锴。

再赋

其一

折柳穿鱼事已空，寻声蹑影悄房栊。
只饶恩豢无他意，岂为金输断六宫。

　　当年折柳穿鱼聘来，如今猫去楼空。主人仔细寻找着猫儿的踪迹，心想着如果猫儿能回来，一定好好待它，别无他意。

其二

发屋求时欲几回，於菟形拟窃毛堆。
主人好事成痴绝，觅句长吟还自来。

其三

东舍西邻任所之，怪渠甘作野猫儿。
从今欲聘红盐裹，恐换临安不捕狮。

　　失猫的主人写到这儿，几乎已经掐灭了自己能找回猫儿的希望，只怪它一心想要自由的天地，不惜去做一只流浪猫。同时，诗人也准备走出失猫的阴霾，开始为聘取新猫做准备，却又担心会聘来一只养尊处优的不捕之猫。

清·释明中

初名演中，字大恒，号芚虚，又号啸崖、白云峰主、牧牛行者。浙江桐乡人。清代画僧。曾住持杭州圣因寺、净慈寺。

山舟太史以白狮猫换庭前紫竹

狸狐奋迅竹风流，紫节金毛讶许酬。
分去洛伽新凤尾，呼来雪岭小狮头。
能施无见参泉老，足养孤清待子猷。
笑借虚名蹲讲席，此君轩外负勾留。

山舟太史梁同书用自己家的狮子猫，来换取寺中的紫竹。狮猫来了以后，安静地蹲在住持的讲席之上，太史拿着竹子在窗外流连了一会儿，看到猫儿在寺中乖巧的样子，也就安心了。

清·汪缙

字大绅，清代文人。

七重阑楯

天没遮拦地没私，人生计较万千差。
云门华药无人会，睡个猫儿日影迟。

佛法真谛难以领悟，像猫懒懒地睡到太阳下山，或许是另一种佛法吧。

清·周凯

字仲礼，号芸皋，浙江富阳人，清代官员。

迎猫

元宵闹灯火，蚕娘作糜粥。
将蚕先逐鼠，背人载拜祝。
裹盐聘狸奴，加以笔一束。
尔鼠虽有牙，不敢穿我屋。

古人养蚕必先迎猫，这种为了护蚕而养的猫，称为"蚕猫"。

清·黄钊

后改名黄香铁，广东蕉岭县人。清代诗人。有《读白华草堂诗集》。

消夏杂诗（其六）

节到观莲斗玉肌，家家猫狗浴从窥。
梦回却忆春明事，正是金河洗象时。

诗人从观莲节上家家户户为猫狗沐浴的场景，联想到以往围观京城洗象的场景。

暑窗即事

闲来云母窗间坐，醉向杨妃榻畔眠。
一月雨晴存日记，呼龙时候浴猫天。

炎炎夏日，诗人也无事，时而在云母窗下闲坐，时而去贵妃榻上小憩。这一个月正赶上古人六月六浴猫节。

清 · 龚自珍

字璱人，号定庵，浙江仁和（今属杭州）人，清代文学家和思想家。龚自珍历任内阁中书、宗人府主事、礼部主事等，曾全力支持林则徐禁鸦片。晚年退居昆山羽琌山馆，又号羽琌山民。

己亥杂诗（忆北方师子猫）

缱绻依人慧有余，长安俊物最推渠。
故侯门第歌钟歇，犹办晨餐二寸鱼。

诗人回忆在当年的北京城里，这种聪慧而亲人的狮子猫是首屈一指的俊物，人人争相饲养。即便是那些门第已经没落的故侯之家，也要为狮子猫备上鱼餐供其享用，以彰显自己曾经的显赫。据徐珂《清稗类钞》记载："历朝宫禁卿相家多畜狮猫。"

清·孙震元

字秋水，浙江仁和人，清代外科医家，精通《素问》《难经》，撰有《疡科会粹》。此外，他也是《衔蝉小录》作者孙荪意的父亲。

失猫
其一

昨宵失却小於菟，儿女楼头汁汁呼。
莫是邻家结同队，锦裀榻畔戏氍毹。

诗人记录了前一日家中走失猫儿的场景。儿女们在楼上楼下唤猫，一家人多么希望猫儿只是和邻家的猫一起出去玩耍，而不是真的走丢了。

其二

房栊已待乳雏儿，向晚归来尚觉迟。
应向闲园窥蛱蝶，薄荷丛下醉多时。

窗棂上的鸟雀已经回来乳雏了，猫却还没有回来。往好处想，它应该是还在园子里偷看蝴蝶，或者在薄荷丛里醉倒了吧。

乞猫

夜来黠鼠知猫去，倒箧窥箊啮架书。
聘得衔蝉威似虎，莫嫌弹铗食无鱼。

孙父记录了走丢猫儿以后，家中被老鼠祸害的场景。家中不能一日无猫，他已经想好了要再聘一只威猛似虎的猫儿，来治一治家里这些狡黠的鼠辈。

清·高澜

浙江仁和人，清代文人，与《衔蝉小录》的作者孙荪意家是世交。

家有洋白猫持赠孙云塈并系以诗

雪色狸奴玉不如，前身疑是老蟾蜍。
种分崎岛三千里，寄护牙签十万书。
漫索晶盐才聘去，试眠花毯趁晴初。
只愁午罢生谗吻，要破悭囊日市鱼。

诗中的孙云塈是《衔蝉小录》作者孙荪意的兄长。同为仁和人的高澜以来自日本的洋白猫相赠，也是熟知孙家乃爱猫之家。

清·孙荪意

原名琦，字秀芬，一字苕玉，浙江仁和人，清代女诗人，出生于爱猫之家。著有《衔蝉小录》《贻砚斋诗稿》《衍波词》。

所爱猫为颖楼逐去作诗戏之

狸奴虽小畜，首载自三礼。
祭与八蜡迎，圣人所不废。

而况爱者多，难以屈指计。

立冢标霜眉，哦诗称粉鼻。

黄筌工写生，昌黎曾作记。

五德谲见嘲，十玩图斯绘。

黄金铸像偿，沉香斫棺瘗。

乃知爱猫心，无贵贱钜细。

余亦坐此癖，张搏绝相似。

贮之绿纱帷，呼以乌员字。

箬裹红盐聘，柳穿白小饲。

时时绕膝鸣，夜夜压衾睡。

著书盈简编，颇自矜奇秘。

神骏支公怜，笼鹅右军嗜。

所爱虽不同，玩物宁丧志。

檀郎独胡为，似疾义府媚。

一旦触其怒，束缚遽捐弃。

据座啖牛心，虽然名士气。

当门除兰草，颇伤美人意。

知君味禅悦，此举非无谓。

吞却死猫头，悟彻无上义。

清·高第

字云士，号颖楼，萧山人，清代文人，有诗文集《额粉庵集》，与妻孙荪意（荅玉）的诗词集合刻。

憎猫诗答苕玉作

苕玉所爱猫，余逐之。苕玉作诗相谑，爰答斯篇。

狸奴本常畜，惟捕鼠是责。
反是职不修，奚用此五德。
外貌托仁慈，内性实残刻。
溪鲜佐饕飨，锦毡恣偃息。
龁图或褫书，倒瓮或翻罋。
黠鼠或同眠，邻鸡或遭踅。
一朝佳客至，每叹食无鱼。
况复彻夜号，咆哮胡太逼。
主人静者流，寒灯勤著述。
趁暖入床帏，乘虚踞枕席。
既难加防护，能忍此狼藉。
子独何为者，而乃好成癖。
穿以黄金锁，染以凤仙汁。
流连绣榻旁，旋绕镜台侧。
偶然一抚摩，娇鸣时伴膝。
摇尾而乞怜，卑顺同婢妾。
不知章悖身，仙姑早认识。
又如义府貌，时人动讥斥。
挥之且不暇，翻致重珍惜。
余方拟檄讨，尔胡措词饰。
猫狸戒勿畜，慈悲见佛力。
淡焉结习忘，庶几清净域。

清·周映清

字皖湄，归安（今属浙江湖州）人，清代女诗人，著有《梅笑集》。周映清也是孙荪意的好友。

养蚕诗

蚕生戢戢满庭隅，但愿蝇无鼠也无。
大妇裹盐呼小妇，前村趁早聘狸奴。

诗人笔下的这家人已经进入了蚕桑时节，蚕已经孵化但是蚕猫还未聘得。大妇备好了聘猫的盐，喊来小妇赶紧去前村聘个猫儿回来，好驱蝇赶鼠。猫喜欢抓捕会动的东西，除了老鼠之外，蝴蝶、苍蝇这些小昆虫，也在它们的追捕玩耍对象之列。

清·陈崇光

清代画家，字崇光，后以字行，号栎生、纯道人。陈崇光初承父业，为雕花工，后参加太平天国运动，拜太平天国画家虞蟾为师。

题猫蝶图

聘得狸奴制小名，潜来时见问金晴。
裙边袖角才相探，又向花阴戏晚晴。

一幅静态的《猫蝶图》，在画家诗人的笔下，却变成了逼真的动画。猫儿悄悄潜到诗人边上，在裙边袖口周围探头探脑，傍晚时分又跑到花丛里嬉戏。

词

宋·秦观

字少游，一字太虚，号淮海居士，又号邗沟居士，北宋婉约派词人。少从学苏轼，与黄庭坚、晁补之、张耒并称"苏门四学士"。有《淮海集》《逆旅集》《劝善录》等。

蝶恋花

紫燕双飞深院静。簟枕纱厨，睡起娇如病。一线碧烟萦藻井。小鬟茶进龙香饼。

拂拭菱花看宝镜。玉指纤纤，撚唾撩云鬓。闲折海榴过翠径。雪猫戏扑风花影。

词中的女子刚从睡中醒转，稍稍对镜梳妆后，就往院中闲逛，看白猫在花丛中扑影嬉戏。一说该词为明代张世文所作。

金·长筌子

道士，有《洞渊集》五卷。

杨柳枝

二曜忙忙若转丸。走天边。催人贩骨似丘山。不停闲。

恋火猫儿拽不出。忒痴顽。遍观尘世总如然。好心酸。

在道家眼中，人在尘世中贩骨轮回，如同依偎在灶火边上的猫一样愚痴且顽固，为俗世诱惑所累。

明·董元恺

字舜民，明末清初文人，有《苍梧词》。

玉团儿·咏猫

深闺驯绕闲时节，卧花茵、香团白雪。爪住湘裙，回身欲捕，绣成双蝶。

春来更惹人怜惜，怪无端、鱼羹虚设。暗响金铃，乱翻鸳瓦，把人抛撒。

词中的女子养了一只纯白如雪的猫，以伴深闺。猫儿有时安静地躺在花阴里，有时活跃地扑抓女子绣着蝴蝶的裙子。春来猫儿有了发情的迹象，打滚扭动的身姿更是惹人怜爱。此时的猫，鱼羹也不吃了，只见它纵身翻屋上瓦，戴着金铃到处跑。

明·朱中楣

字懿则，一字远山，明末清初女诗人，是明宗室辅国中尉朱议汶之女。明亡后携子避难于津门，归隐田园。著有《随草诗余》《镜阁新声》《随草续编》《亦园嗣响》等，收于丈夫李元鼎《石园全集》中。

西江月·咏小白猫

弥月狸奴堪玩，新池鱼婢应忙。时时偷觑水中央，躲在蔷薇架上。

卧似绿茵滞雪，翾疑锦幔飞霜。穿林个个染清香，扑着虫儿谁让。

刚满月的白色小奶猫正是最有趣的时候，躲在鱼池边的蔷薇架上，时时观察水里的小鱼。躺着的时候像草地上的一滩凝雪，玩耍的时候像纱帘飞舞。诗人将小奶猫活泼好动的样子尽投于笔下。

明·陈维崧

字其年，号迦陵，明末清初词人、骈文家。

垂丝钓·戏咏猫

房栊潇洒，狸奴嬉戏檐下。睡熟蝶裙儿，皱绡衩。梅已谢，撒粉英一把，将伊惹。正风光艳冶。

寻春逐队，小楼窜响鸳瓦。花娇柳妩。向画廊眠藉，低撼轻红架。鹦鹉怕，唤玉郎悄打。

猫儿在屋檐下嬉戏，累了就躺在女子的衣裙上休息睡觉。女子见猫儿正在熟睡，便忍不住撒了它一身花瓣嬉戏逗弄。

春来万物生长，猫儿们也开始成群结队地在屋瓦上乱窜，有时候还会去逗弄鹦鹉，惹得鹦鹉喊人逐猫。

清·高士奇

字澹人，号瓶庐，又号江村，赐号竹窗，谥号文恪，清代史学家、学者。高士奇在康熙朝入仕，官至礼部侍郎兼翰林院学士，著有《左传纪事本末》《左传国语辑注》《春秋地名考略》《清吟堂全集》《江村销夏录》《扈从西巡日录》《经进文稿》《天禄识余》《随辇集》《北墅抱瓮录》《竹窗词》等。

聒龙谣·宋宫中汝窑猫食盆

色夺柴磁，形摹腰鼓，惯贮狸奴鱼饭。官样分明，溯靖康年远。恁时伴、小石戎葵，对捕雀、画图凄惋。倩勾留、傍舍乌圆，几度暗偷眼。

宫娃弄，尽消闲，想敲取钗凤，绛唇低唤。飘流江左，甚千缗难换。笑吴侬、聘得吴盐，空费尽、吟窗笺管。莫谩夸、汉苑秦台，玉环金碗。

高士奇偶见宫中有宋代汝窑的猫食盆，填词描摹。汝窑色泽独特，如"雨过天青云破处"，与柴窑相比也是有过之而无不及。不过有意思的是，这款作者认为是汝窑猫食盆的器皿，当代更多学者认为是水仙盆。但是看它敞口且平坦，确实当作猫碗也正合适。

清·钱芳标

字宝汾，一字葆酚，清初词人，也是云间词的代表。有《湘瑟词》。

雪狮儿·咏猫

花氍卧醒，又闲趁，十二阑边，一双蝶舞。绣倦空闺，几遍春纤亲抚。奔腾玉距，乱蝇拂、红丝千缕。试验取、双瞳似线，庭阴日午。

好是蚕时早乳。问当年果否，共调鹦鹉。八蜡迎来，何处巫村远鼓。云图锦带，漫拓得、张家遗谱。灯明处。合对金猊小炷。

"雪狮儿"词牌在清代形成了一系列专门用于咏猫的作品集合，这似乎也是清代文人之间唱和的一个小传统。和之前的诗歌作品多有寄托和讽喻不同，"雪狮儿"调下的词作大多专注对猫本体的细腻描摹，且极尽藻饰，猫儿在词中的形象也多是温柔可人、精致清丽。

如钱芳标这首《雪狮儿》，上阕先表现猫儿在毛毯上睡醒，扑蝶于曲栏的行为，复又写闺阁少女一边轻抚猫儿，一边用拂尘逗猫的场景。下阕则多引经据典，从蚕猫到共调鹦鹉，再到蜡祭迎猫，又到张搏好猫，最后以猫儿对着狻猊香炉静卧的场景结尾。《雪狮儿》填成后，钱芳标将词作拿给朱彝尊看，朱彝尊又和词三首。

清·朱彝尊

字锡鬯，号竹垞，又号醧舫、驱芳，晚号小长芦钓鱼师，又号金风亭长。清代学者、词人、藏书家。其词清丽，为浙西词派创始人，与陈维崧并称"朱陈"；诗与王士禛并称南北两大诗宗。有《曝书亭集》《日下旧闻》《经义考》《明诗综》《词综》等著作。

雪狮儿·钱葆酚舍人书咏猫词索和赋得

吴盐几两，聘取狸奴，浴蚕时候。锦带无痕，搰絮堆绵生就。诗人黄九，也不惜、买鱼穿柳。偏爱住、戎葵石畔，牡丹花后。

午梦初回晴昼。敛双睛乍竖，困眠还又。惊起藤墩，子母相持良久。鹦哥来否，惹几度、春闺停绣。重帘逗，便请炉边叉手。

又

胜酥入雪，谁向人前，不仁呼汝。永日重阶，恒把子来潜数。痴儿骏女，且莫漫、彩丝牵住。一任却，食鱼捕雀，顾蜂窥鼠。

百尺红墙能度。问檀郎谢媛，春眠何处。金缕鞋边，惯是双瞳偏注。玉人回步，须听取、殷勤分付。空房暮，但唤衔蝉休误。

又

磨牙泽吻，似虎分形，眼黄须辨。炎景方长，试验鼻端冷暖。茴香丛暗，扑不住、蝼蛄一点。更寻向，篱根紫芥，石棱红苋。

醉了荔荷频颤。讶搔头过耳，水痕初浣。消息郎归，休把玉鞭敲断。平陵传遍，问啮锁、金钱谁绾。风吹转，蛱蝶惊飞凌乱。

在清代翁之润辑录的《曝书亭词拾遗》中，还有一首标为朱彝尊所作的《雪狮儿》，题为《钱葆馚舍人书咏猫词索和赋得四首》。但据下文厉鹗《雪狮儿》小序"华亭钱葆馚以此调咏猫，竹垞翁属和，得三阕"，吴锡麒《雪狮儿》小序"《曝书亭集》中有《雪狮儿》猫词三阕，盖和华亭钱葆馚作也"等后世唱和者的记录，第四阕的真实性尚有待甄别，此处暂不录。

清·厉鹗

字太鸿，又字雄飞，号樊榭，清代学者、诗人。其诗"精深峭洁，截断众流"，也是浙西词派的中流砥柱，首倡"江西词派说"。著有《樊榭山房集》《秋林琴雅》《宋诗纪事》《辽史拾遗》《东城杂记》《南宋杂事诗》等。

雪狮儿

华亭钱葆馚以此调咏猫，竹垞翁属和，得三阕，征事无一同者，予与吴绣谷约，戏效其体，凡二家所有，勿重引焉。昔徐铉与弟锴共策猫事，铉得二十事，锴得七十事，作此狡狯，殆非词家清空婉约之旨，观者幸毋以梦窗质实为诮也。

其一

雪姑迎后，房栊护得，黄晴明润。扑罢蝉蛾，更弄飞花成阵。穿篱远近。未肯傍、茸毡安稳。念寒夜，偎衾煖处，梦寻灯晕。

绕膝声声低问。似无鱼分诉，怜伊娇困。展膊屏前，仿佛三生犹认。怀春最恨。渐取次、归来难准。琼签尽。
上案晴蟾铺粉。

其二

花毛褐染，炎天尚记，荷塘争浴。鼠卜闲时，画损
砌苔幽绿。阑干几曲。任侧辊、横眠初熟。恰又敛，翛
翛金尾，蝶衣偷蹴。

忽起惊跳风竹。听蝇鸣茶鼎，何曾轻触。暮眼才
圆，香绮丛边看足。檐声断续。休吃尽、草芽盈掬。
娱幽独。胜了狻猊镂玉。

其三

妆楼镇卧，底须诘取，於菟痴小。解事吴娃，戏学
凤仙亲捣。红丝缭绕。便万贯、呼来还少。防失却，衺
蹄重铸，闲坊寻到。

蟋蟀吟中醒悄。正无声四壁，立残斜照。不捕依然，
阶药纷披藏好。携儿乳饱。坐榻畔、微温相恼。春回早。
八九墙阴新扫。

其四

称伊虎舅，斑斑玳瑁，身边频觑。食有溪鲜，又上
小庭高树。如丘拗怒。想唤汁、多应回顾。何事费，峨
眉画手，穴中空怖。

延颈盘旋争赴。笑绿沙帏底，深怜群聚。销得侯封，也算北门长护。青钱百数。买双耳、微痕添锯。窥鹦鹉。月季花前亭午。

　　作者在小序中就已经说明，自己和友人吴焯写下这几阕《雪狮儿》词，是模仿当年徐锴、徐铉兄弟事，看谁的学识更渊博，笔下能囊括的猫事更多且不重复。但是这种填法的词，很类似南宋吴文英堆砌藻饰的风格，作者也请读者们不要因此嘲笑二人的唱和。此事在下面吴焯的小序中也有体现。

清·吴焯

　　字尺凫，因家中有老藤，花开时如璎珞之谷，故号绣谷，清代学者、藏书家。有《径山游草》《药园诗稿》《玲珑帘词》《陆渚飞鸿集》等著作，以及一部与厉鹗、赵昱合写的《南宋杂事诗》。

雪狮儿

　　竹垞先生赋猫词三篇，吾友樊榭广为四作，皆征事实，斐然可诵。爰仿其体，二家所有者不引焉。凡四首。

其一

　　种来西竺，携笈古驿，无声如塑。为护经台，怎把生魂摧树。花墩困午。展一线、乌针双竖。饶他是，青骢有色，竹鞭休举。

　　须记银塘浴处。正圆停回暖，暗星飘度。金锁谁衔，那得飞钱留取。鹦哥唤汝。蚤不遇、生前阿武。吟太苦。
野外雪深无路。

其二

　　绿阴墙角，低飞乳鹊，金铃惊起。蚤又横眠，听罢
歌鱼醒未。谋餐洗耳。且莫怪、同牢非类。愁人是，倾
敧椒酒，暄暄隈鬼。

　　频绕攒花膝蔽。趁罗裙微揭，弄风衔尾。快饮鸡
酥，寂静小亭沉醉。仙姑暗指。问玉洞、仙哥有几。斜
照里。惯与瓦鸥排队。

其三

　　浴蚕初过，催耕渐起，兽羞频献。白老何知，好把
双名低唤。妆楼夜觑。镇一笑、窗前偎暖。留他日，写
经湖上，锦茵相伴。

　　玉几潜窥说馔。只鱼餐一顿，考除功战。细柳将
军，壁垒先闻秋毡。花符漫判。怪女队、呼儿怎辨。休
作赞。自有议庭书谏。

其四

　　鼠姑花发，晴帘正昼，玉蝴飞扑。莫向空仓，懒意
先知藏缩。逢生避畜。笑五德、多非无欲。窥挂壁，纤
钩徐动，香粳巡熟。

怜尔毛衣洗沐。爱初收冰脑,彩绳留缚。露爪翻风,恨把故雌声逐。双睛夜烛。看失了、军容互告。勤著录。数向玉堂更仆。

清·吴锡麒

字圣征,号榖人,清代文学家。

雪狮儿

《曝书亭集》中有《雪狮儿》猫词三阕,盖和华亭钱葆酚作也。吾杭樊榭、尺凫两先生相继有咏,其掎摭也富矣。暇日戏仿其体,复成四章,凡诸家所有不引焉。

其一

女奴痴小,看蜂蹴果,东风时候。相对瑶姬,眼底金波微溜。红幨缀否。悄避入、画裙前后。生怕是,辛苦三眠,蚕帘厮守。

但要狮毛长就。傍临安朱户,那愁消瘦。醉醒薝腾,约略香生纤口。花阴坐久。怕损了、沿阶苔绣。娱永昼。结伴邻家闲走。

其二

宛然飞白,荷塘浴后,轻衣雪浣。稳卧斜阳,莫道真如我懒。云乡梦转。叹一枕、游仙都幻。凭风雨,化龙归去，肯随鸡犬。

翻笑江心纸鬶。甚金山绕去，更增雄健。卜日携来，赢得头衔先换。铜花秘玩。料惯惹、无鱼娇怨。重相见。待报杏林春宴。

其三

一肩香软，移来画里，无多家具。小样麒麟，对客几番称汝。妆台惯住。莫便把、燕支匀注。还留待，滴粉如霜，写他眉妩。

除却宣和旧谱。笑外间依样，几人堪数。两点危星，空照安身高树。清琴罢鼓。问卷轴、倩谁牢护。听儿女。布被蒙头学取。

其四

问西来意，莲花世界，同看经藏。撤讲僧归，细听禅关敲响。伊蒲供养，那用觅、鱼苗分饷。凭饱去，四脚撩天，葡萄茵上。

休弄红丝标杖。便粉鼻呼来，已空情障。圆满三生，旧事庐州谁访。芙蓉锦浪。道只有、好秋堪赏。开菊酿。重对彩糕无恙。

《雪狮儿》在清代文人之间相继填词唱和，到了吴锡麒这儿，学识内卷、抛典故比赛意味就更浓了。先前吴焯、厉鹗只是不引朱彝尊、钱芳标二人用过的典故，而吴锡麒却将自己的手脚又绑得更紧了，就连吴、厉二人用过的典故，也避而不用。不过，完全不用是不可能的，在四阕词中还是有一些典故的复用。

清·周稚廉

字冰持，号可笑人，清代戏曲家，与孔尚任有诗歌酬唱。著有传奇《珊瑚玦》《双忠庙》《元宝媒》。

雪狮儿·猫

云图锦带，记上妆楼，绣花小本。戏引红绒，又怕纤葱抓损。时辰难准。为双眼、金炉烟喷。闹花丛，鱼翻红子，蝶兜新粉。

似学闺人春困。是支离弱骨，翻来都尽。宜喜宜嗔，叫过东风一阵。西家墙近。常起看、邻娘梳鬓。雕檐滚，拖落瓦花三寸。

周稚廉这阕词，也参与了《雪狮儿》词牌的唱和活动。不过与先前几位词人堆砌典故、比赛谁的知识积累更丰富不同，这位戏曲家更注重对猫儿日常生活状态的生动描写。他从主人欲将猫儿的可爱身姿画入绣样开始，写到猫儿在花丛里嬉戏抓鱼扑蝶的调皮日常，再到猫儿早春天发情的娇媚之态，最后还有猫儿翻身跳上墙头"偷看"邻家女子梳头，又一不小心从房檐上跌落，想抓住长在屋上的瓦松，却把这种小植物拖拽下落的场景。

清·朱昂

清代文人。

沁园春·戏猫

寂静闲房，盐裹初迎，销遣玉怀。坐戎葵花底，团疑雪拥；茴香叶畔，软胜锦裁。碧柳穿鱼，青瓷伺饭，牵引罗巾兜凤鞋。无聊赖，看衔蝉曲榭，捕雀高台。

昼长捧出瑶阶，伺蛱蝶低飞蹲绿苔。羡牡丹横幅，彩毫缋影；云图小字，妆阁新排。午后扬晴，闲中洗面，好卜萧郎归骑来。春宵爱，压锦衾同睡，晓梦欢谐。

如同先前的几阕《雪狮儿》一样，这篇《沁园春》也借用了许多典故。借着这些意趣相连的旧事，词中养猫女子的形象逐渐清晰了起来。大概因为丈夫出门，自己的生活太过单调，词中人便聘来一只白猫，以供消遣慰藉。猫儿不负所托填满了主人的视野和生活。它一会儿在戎葵花、茴香叶下趴坐，一会儿攀上高台曲榭追捕知了和鸟雀，一会儿又蹲在绿苔上等着扑蝶。主人则一边为猫准备食盆和鱼饭，一边也想用画笔描摹猫的神韵。直到午后，猫儿洗面过耳，女子想起古人的说法，希望丈夫早点回家。夜里猫儿压在床上同睡，一夜好梦。

清·陈聂恒

字秋田，又字曾起，清代词人、散文家。有《边州闻见录》《栩园词弃稿》《朴斋文集》等。

锦缠道·猫

数遍菩提，一捻软如堆絮。待呼伊、女奴羞愈。顾蜂捕蝶年时语，又向花阴，睡过闲庭午。

绕螺窗几回，偎他金缕。肯无端、掌中擎汝。笑夜阑，鸳帐春风影。乍差红烛，有底窥人处。

陈聂恒词里的这只猫多数情况下都在休息。一边睡着一边舒服地"咕噜"。喊它什么好呢？在历来众多的猫名里，词人还是觉得"女奴"这个名字更胜一筹。不过，自家的小女奴已经不是当年那个顾蜂捕蝶的活泼小猫了，如今只想稳重地睡上一整天，陪伴在人的身边。

清·孙荪意

原名琦，字秀芬，一字苕玉，浙江仁和人，清代女诗人，出生于爱猫之家。著有《衔蝉小录》《贻砚斋诗稿》《衍波词》。

雪狮儿·题狮猫图

班班玟瑁，狮毛长就，临安朱户。写入生绡，昔日何黄休数。苔阶眠处，也胜绝、顾蜂窥鼠。试挂向，书堂粉壁，牙签能护。

我亦怜伊媚妩。记绿窗绣眼，《衔蝉》曾谱。画里携来，知否玉纤亲抚。含毫凝伫。想滴粉、搓酥描取。双睛竖。帘外牡丹花午。

诗人将一幅画着玟瑁色狮子猫的画挂在书堂里。画上的狮子猫睡在长了青苔的台阶上，可比现实中顾蜂窥鼠的猫安静多了。诗人想，这张猫画挂在这里大约也能震慑鼠辈、维护书庐。